中学生・高校生のための手帳の使い方

中学生高效学习手账术

日本株式会社效率手账规划师 主编
日本株式会社效率协会管理中心 编
宋天涛 译

机械工业出版社
CHINA MACHINE PRESS

图书在版编目（CIP）数据

中学生高效学习手账术 / 日本株式会社效率手账规划师主编；日本株式会社效率协会管理中心编；宋天涛译. — 北京：机械工业出版社，2022.12（2023.3重印）
ISBN 978-7-111-70908-4

Ⅰ. ①中…　Ⅱ. ①日…　②日…　③宋…　Ⅲ. ①中学生 - 学习方法
Ⅳ. ①G632.46

中国版本图书馆CIP数据核字（2022）第094963号

机械工业出版社（北京市百万庄大街22号　邮政编码100037）
策划编辑：刘文蕾　　　　　责任编辑：刘文蕾
责任校对：张亚楠　王明欣　责任印制：李　昂
北京联兴盛业印刷股份有限公司印刷

2023年3月第1版・第2次印刷
148mm × 210mm・9.5印张・6插页・140千字
标准书号：ISBN 978-7-111-70908-4
定价：49.80元

电话服务　　　　　　　网络服务
客服电话：010-88361066　机　工　官　网：www. cmpbook. com
　　　　　010-88379833　机　工　官　博：weibo. com/cmp1952
　　　　　010-68326294　金　　书　　网：www. golden-book. com
封底无防伪标均为盗版　　机工教育服务网：www. cmpedu. com

通过『可视化』学习提高学习效率

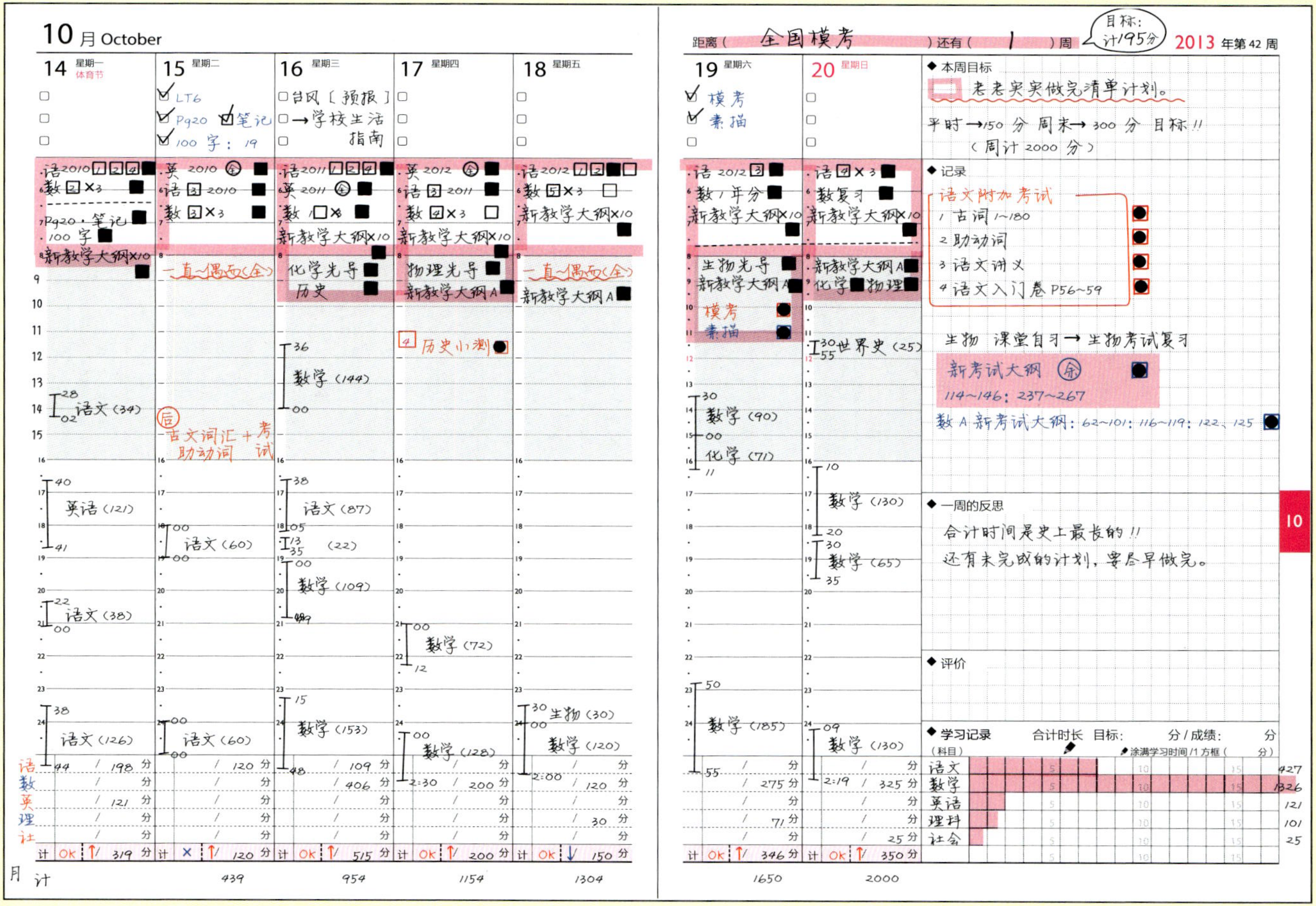
10 月 October
距离（ 全国模考 ）还有（ 1 ）周
目标：计195分
2013 年第 42 周
14 星期一 体育节
15 星期二
16 星期三
17 星期四
18 星期五
19 星期六
20 星期日
LT6
Pg20 笔记
100 字：19
台风［预报］
→学校生活指南
模考
素描
一直～偶西（全）
历史小测
古文词汇＋助动词 考试
世界史（25）
◆ 本周目标
老老实实做完清单计划。
平时→150 分 周末→300 分 目标!!
（周计 2000 分）
◆ 记录
语文附加考试
1 古词 1~180
2 助动词
3 语文讲义
4 语文入门卷 P56~59
生物 课堂自习→生物考试复习
新考试大纲
114~146：237~267
数 A 新考试大纲：62~101：116~119：122、125
◆ 一周的反思
合计时间是史上最长的!!
还有未完成的计划，要尽早做完。
◆ 评价
◆ 学习记录 合计时长 目标： 分 / 成绩： 分
（科目） 涂满学习时间 /1 方框（ 分）
语文 427
数学 1326
英语 121
理科 101
社会 25
月计 439 954 1154 1304 1650 2000
10

第 2 届手账联赛个人手账活用术最优秀奖　朋优学院高中高一生

用手账同时管理休闲和学习

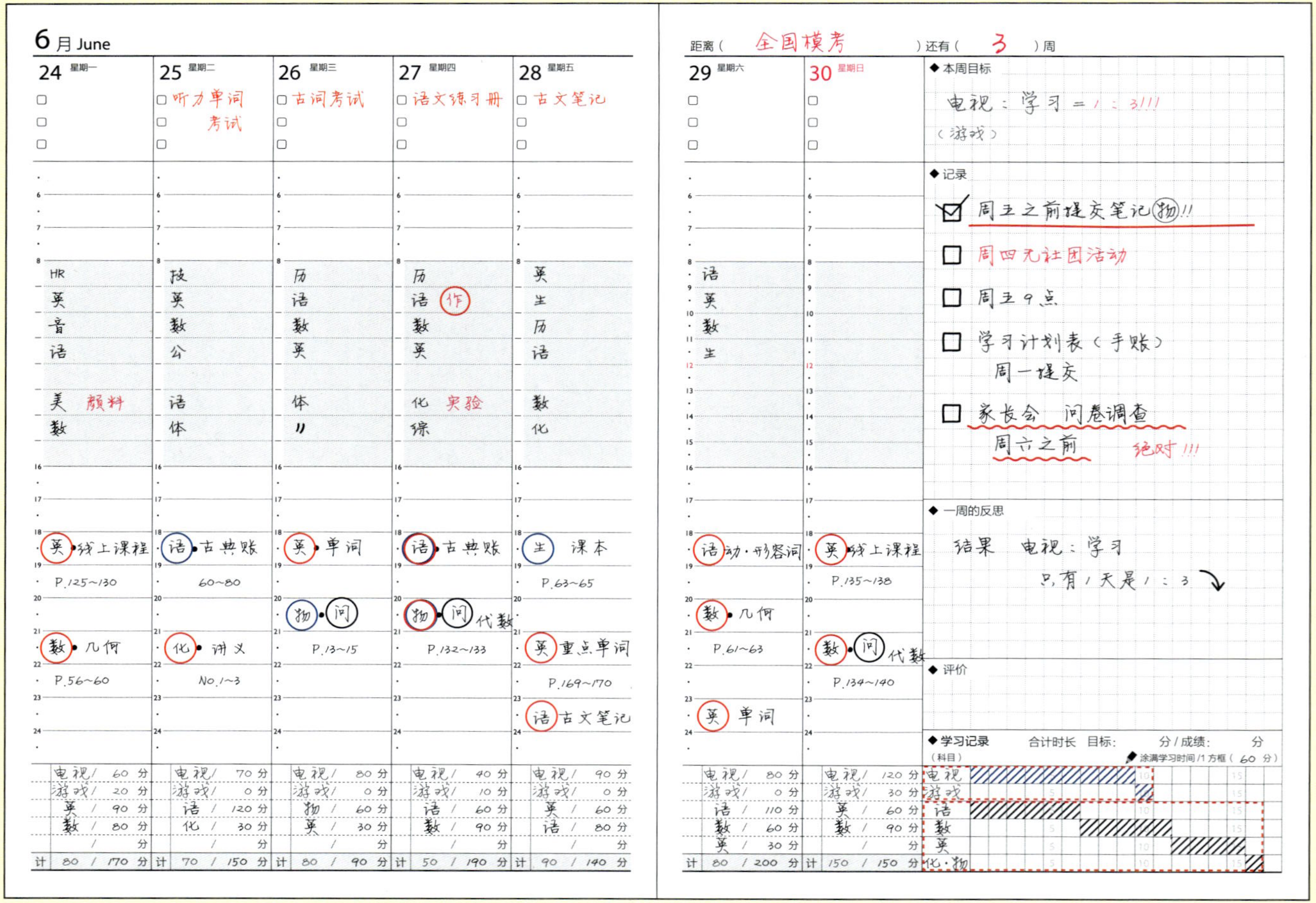

6月 June
24 星期一
25 星期二
听力单词考试
26 星期三
古词考试
27 星期四
语文练习册
28 星期五
古文笔记
29 星期六
30 星期日
距离（全国模考）还有（3）周
HR 英 音 语 美 颜料 数
技 英 数 公 语 体
历 语 数 英 体 〃
历 语 作 数 英 化 实验 综
英 生 历 语 数 化
语 英 数 生
英·线上课程 P.125~130
数·几何 P.56~60
语·古典账 60~80
化·讲义 No.1~3
英·单词
物·问 P.13~15
语·古典账
物·问 代数 P.132~133
生 课本 P.63~65
英·重点单词 P.169~170
语·古文笔记
语·动·形容词
数·几何 P.61~63
英·单词
英·线上课程 P.135~138
数·问 代数 P.134~140
电视/60分 游戏/20分 英/90分 数/80分 计 80/170分
电视/70分 游戏/0分 语/120分 化/30分 计 70/150分
电视/80分 游戏/0分 物/60分 英/30分 计 80/90分
电视/40分 游戏/10分 语/60分 数/90分 计 50/190分
电视/90分 游戏/0分 英/60分 语/80分 计 90/140分
电视/80分 游戏/0分 语/110分 数/60分 英/30分 计 80/200分
电视/120分 游戏/30分 英/60分 数/90分 计 150/150分
◆本周目标
电视：学习 = 1 : 3!!!
（游戏）
◆记录
周五之前提交笔记（物）!!
周四无社团活动
周五9点
学习计划表（手账）周一提交
家长会 问卷调查 周六之前 绝对!!!
◆一周的反思
结果 电视：学习 只有1天是1 : 3
◆评价
◆学习记录 合计时长 目标： 分 / 成绩： 分
（科目） 涂满学习时间/1方框（60分）
电视 游戏 语 数 英 化·物

第 2 届手账联赛个人手账活用术优秀奖　足立学园中学初三生

把记录栏划分为7个部分，管理每天的学习内容

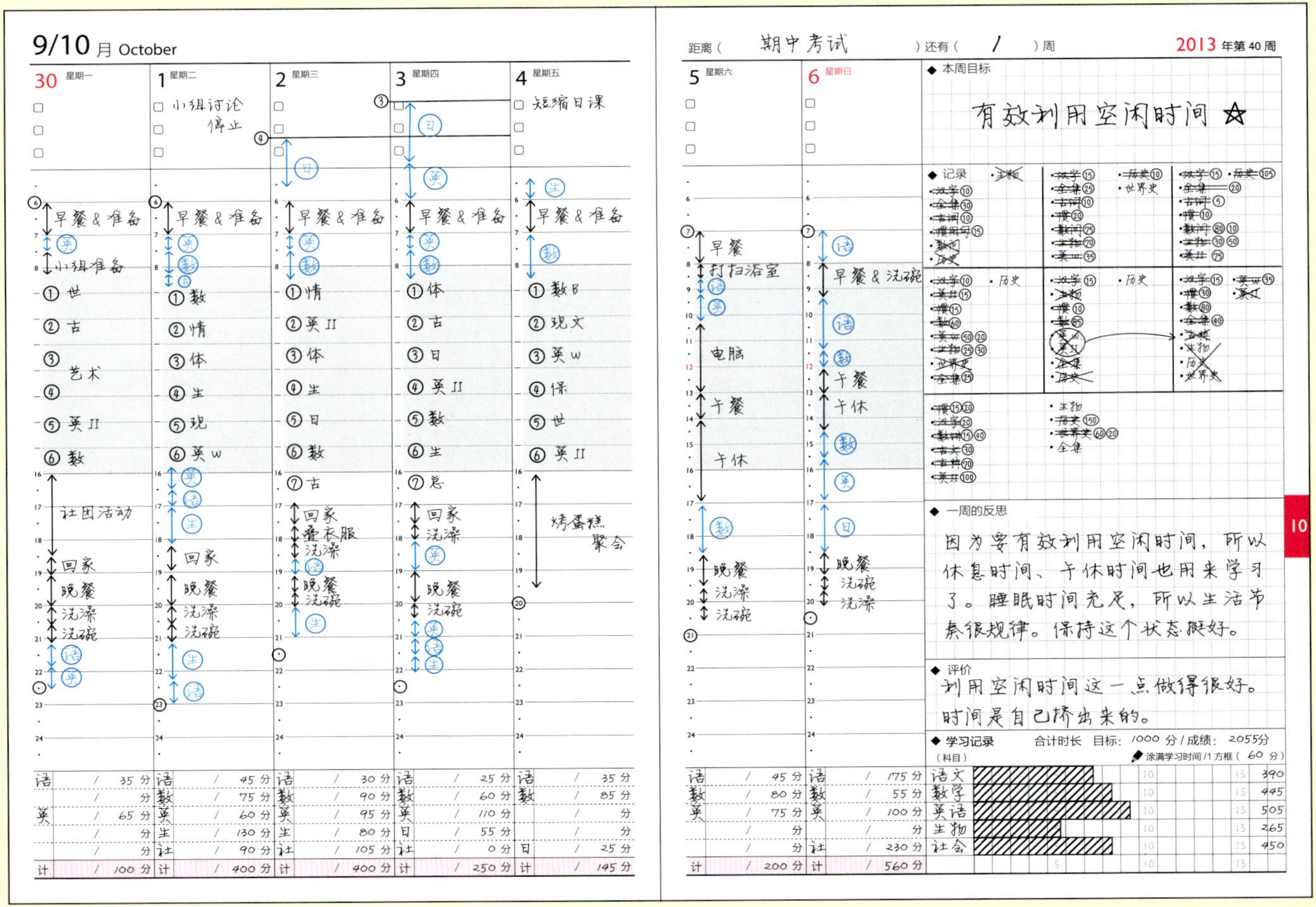

9/10月 October
距离（期中考试）还有（1）周
2013年第40周
30 星期一
1 星期二 小组讨论 停止
2 星期三
3 星期四
4 星期五 短缩日课
5 星期六
6 星期日
本周目标
有效利用空闲时间 ☆
记录
一周的反思
因为要有效利用空闲时间，所以休息时间、午休时间也用来学习了。睡眠时间充足，所以生活节奏很规律。保持这个状态挺好。
评价
利用空闲时间这一点做得很好。时间是自己挤出来的。
学习记录
合计时长 目标：1000分/成绩：2055分
涂满学习时间/1方框（60分）
语文 390
数学 445
英语 505
生物 265
社会 450
计 100分
计 400分
计 400分
计 250分
计 145分
计 200分
计 560分

第2届手账联赛个人手账活用术优秀奖　熊本县立熊本北高中高二生

用不擅长的英语书写计划

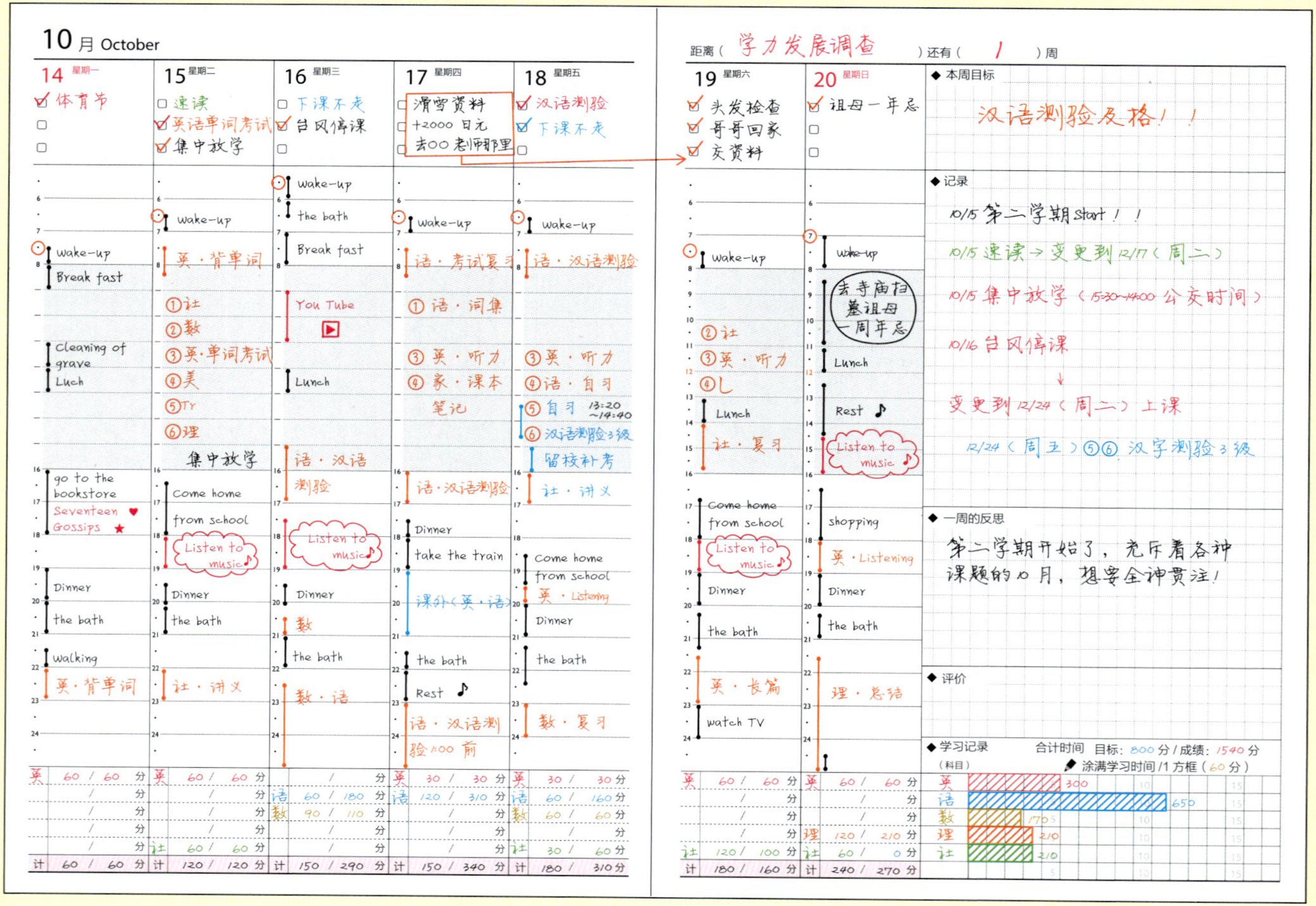
10月 October
14 星期一
体育节
Wake-up
Break fast
Cleaning of grave
Luch
go to the bookstore
Seventeen Gossips
Dinner
the bath
walking
英·背单词
15 星期二
速读
英语单词考试
集中放学
wake-up
英·背单词
①社
②数
③英·单词考试
④美
⑤TY
⑥理
集中放学
Come home from school
Listen to music
Dinner
the bath
社·讲义
16 星期三
下课不走
台风停课
wake-up
the bath
Break fast
You Tube
Lunch
语·汉语
测验
Listen to music
Dinner
数
the bath
数·语
17 星期四
滑雪资料
+2000 日元
去○○老师那里
wake-up
语·考试复习
①语·词集
③英·听力
④家·课本
笔记
语·汉语测验
Dinner
take the train
课外(英·语)
the bath
Rest
语·汉语测验100前
18 星期五
汉语测验
下课不走
wake-up
语·汉语测验
③英·听力
④语·自习
⑤自习 13:20~14:40
⑥汉语测验3级
留校补考
社·讲义
Come home from school
英·Listening
Dinner
the bath
数·复习
距离(学力发展调查)还有(1)周
19 星期六
头发检查
哥哥回家
交资料
wake-up
②社
③英·听力
④し
Lunch
社·复习
Come home from school
Listen to music
Dinner
the bath
英·长篇
watch TV
20 星期日
祖母一年忌
wake-up
去寺庙扫墓祖母一周年忌
Lunch
Rest
Listen to music
shopping
英·Listening
Dinner
the bath
理·总结
◆本周目标
汉语测验及格!!
◆记录
10/15 第二学期Start!!
10/15 速读→变更到12/17(周二)
10/15 集中放学(15:30~14:00 公交时间)
10/16 台风停课
变更到12/24(周二)上课
12/24(周五)⑤⑥ 汉字测验3级
◆一周的反思
第二学期开始了，充斥着各种课题的10月，想要全神贯注!
◆评价
◆学习记录
合计时间 目标: 800分 / 成绩: 1540分
(科目)
涂满学习时间/1方框(60分)
英 300
语 650
数 170
理 210
社 210

第 2 届手账联赛个人手账活用术优秀奖　佐野日本大学初中　初三生

『以后回顾也容易看懂』心思满满

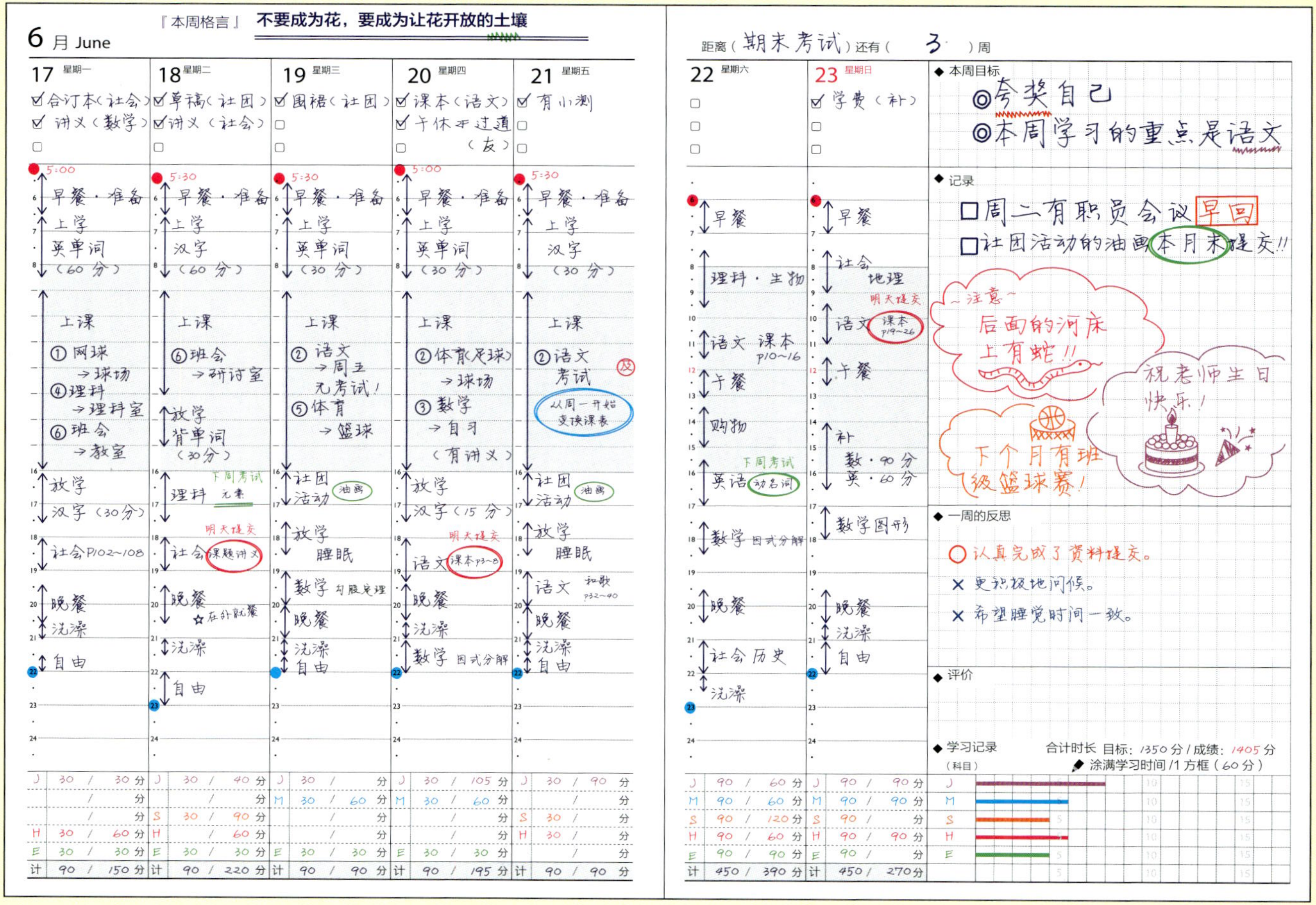

6 月 June
『本周格言』 不要成为花，要成为让花开放的土壤
距离（期末考试）还有（ 3 ）周
17 星期一
合订本（社会）
讲义（数学）
早餐・准备
上学
英单词（60 分）
上课
① 网球 → 球场
④ 理科 → 理科室
⑥ 班会 → 教室
放学
汉字（30 分）
社会 P102~108
晚餐
洗澡
自由
18 星期二
草稿（社团）
讲义（社会）
早餐・准备
上学
汉字（60 分）
上课
⑥ 班会 → 研讨室
放学
背单词（30 分）
下周考试
理科 元素
明天提交
社会 课题讲义
晚餐
在外就餐
洗澡
自由
19 星期三
围裙（社团）
早餐・准备
上学
英单词（30 分）
上课
② 语文 → 周五无考试！
⑤ 体育 → 篮球
社团活动 油画
放学
睡眠
数学 与服兑理
晚餐
洗澡
自由
20 星期四
课本（语文）
午休要过道（友）
早餐・准备
上学
英单词（30 分）
上课
② 体育（足球） → 球场
③ 数学 → 自习
（有讲义）
放学
汉字（15 分）
明天提交
语文 课本 P3~8
晚餐
洗澡
数学 因式分解
21 星期五
有小测
早餐・准备
上学
汉字（30 分）
上课
② 语文 考试
及
从周一开始变换课表
社团活动 油画
放学
睡眠
语文 和歌 P32~40
晚餐
洗澡
自由
22 星期六
早餐
理科・生物
语文 课本 P10~16
午餐
购物
下周考试
英语 动名词
数学 因式分解
晚餐
社会 历史
洗澡
23 星期日
学费（补）
早餐
社会 地理
明天提交
语文 课本 P19~26
午餐
补
数・90 分
英・60 分
数学图形
晚餐
洗澡
自由
本周目标
◎夸奖自己
◎本周学习的重点是语文
记录
□周二有职员会议 早回
□社团活动的油画本月末提交!!
~注意~ 后面的河床上有蛇!!
下个月有班级篮球赛！
祝老师生日快乐！
一周的反思
○认真完成了资料提交。
× 更积极地问候。
× 希望睡觉时间一致。
评价
学习记录（科目）
合计时长 目标：1350 分 / 成绩：1405 分
涂满学习时间 /1 方框（60 分）

第 2 届手账联赛个人手账活用术优秀奖　佐野　日本大学初中初三生

自创 31 种符号，快乐记录

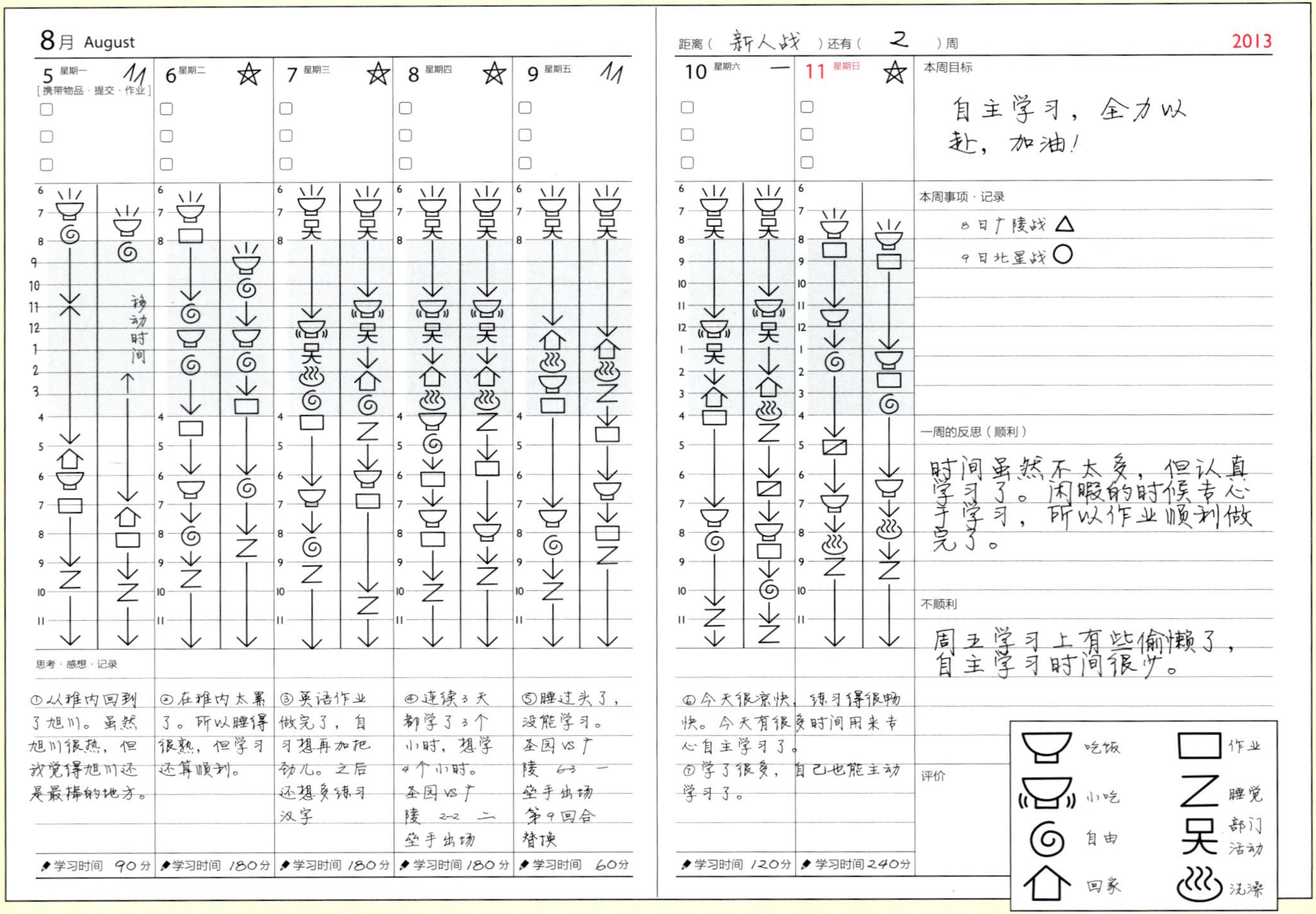

8月 August
距离（新人战）还有（2）周
2013
5 星期一
[携带物品·提交·作业]
6 星期二
7 星期三
8 星期四
9 星期五
10 星期六
11 星期日
移动时间
思考·感想·记录
①从稚内回到了旭川。虽然旭川很热，但我觉得旭川还是最棒的地方。
②在稚内太累了。所以睡得很熟，但学习还算顺利。
③英语作业做完了，自习想再加把劲儿。之后还想多练习汉字
④连续3天都学了3个小时，想学4个小时。圣园 vs 广陵 2-2 二垒手出场
⑤睡过头了，没能学习。圣园 vs 广陵 6-3 一垒手出场 第9回合替换
⑥今天很凉快，练习得很畅快。今天有很多时间用来专心自主学习了。
⑦学了很多，自己也能主动学习了。
学习时间 90分
学习时间 180分
学习时间 180分
学习时间 180分
学习时间 60分
学习时间 120分
学习时间 240分
本周目标
自主学习，全力以赴，加油！
本周事项·记录
8日广陵战 △
9日北星战 ○
一周的反思（顺利）
时间虽然不太多，但认真学习了。闲暇的时候专心学学习，所以作业顺利做完了。
不顺利
周五学习上有些偷懒了，自主学习时间很少。
评价
吃饭
小吃
自由
回家
作业
睡觉
部门活动
洗澡

第 2 届手账联赛个人手账活用术特别奖　旭川市立圣园中学初一生

PLAN
计划
DO
执行
CHECK
反思
ACTION
改良
重要的是让
PDCA 持续循环

目录

第3章 专为中学生打造的手账术："执行"篇

第4章 专为中学生打造的手账术：“反思和改良”篇

第1章

中学生使用手账有哪些好处？

◇ 避免被催促“快一点”“去学习”

尽管父母内心知道有些话不应该对孩子说，但经常不知不觉就说出口了。

“快一点”之类的催促话语就非常具有代表性。

父母心里也清楚，就算催孩子“快一点”，孩子也不会立马行动，但如果什么都不说，孩子就永远不会行动，所以不由得就说出了“快一点”。

他们还只是孩子，即使被父母催促“快点去做”，也不可能迅速完成。

他们要做各种准备，还有其他事情要做，想这想那……

被多次催促后，内心就会变得焦急，反而会在准备过程中花费更多的时间。焦急也会导致丢三落四。

“不要催我嘛！”

“那你就提前做好准备呀！”

在这种情况下，父母和孩子都会变得焦躁起来。而且，如果一大早就争吵，一整天都没有好心情。

如果不用父母催促，孩子自己就能迅速做好准备、迅速行动起来就好了！

这是大多数父母所期盼的吧！

同样，明明不想说，但不知不觉便脱口而出的口头禅还有“去学习”。

父母也知道，就算叫孩子“去学习”，孩子也不会听话，但作为父母，不可能对不学习的孩子置之不理，所以总是忍不住提醒孩子“去学习”。

此时孩子心里面也不高兴，如果是初高中生，甚至还会顶嘴：“不用说我也知道”“正打算做呢”。

他们也清楚自己必须学习，但就是不能付诸行动，提不起干劲……

这种心情想必大人也能够理解。因为自己在面对工作、家务时，也会有这样的心情。

而有的孩子被催促之后，反而更不想做。即便不是叛逆期，也想叛逆一下。一被别人催，就不想做。大人有时也有这种心理。

◇ 约 31 万名初高中生在使用

“快一点”“去学习”之类的催促，说得严重一点，就是“命令”，即便语气温和也是“吩咐”，所以上初中后，孩子容易因此产生逆反心理。

但如果孩子对父母的命令、吩咐几乎不反抗，乖乖地按照父母说的去做，好像也不对劲。

这个暂且不提，对于因催促而产生逆反心理的初高中生来说，有没有不需要父母催促就能够自觉行动的好方法呢？

自己早早地开始行动、主动坐在书桌前学习，有这样的魔法吗？

作为帮助人们遵守时间、自觉学习的“自学”工具，手账的功能越发引人注目。

其中，在商务领域也具有超高人气的“纵向”手账在初高中生中越来越受欢迎，这款手账的日程栏里以 30 分钟为单位，纵向排列着时间刻度。

而“能率手账育才项目（NOLTY SCHOLA-PROGRAM）”是这款商务手账的改良版，2021 年全日本已有 980 所初高中的约 31 万名学生在使用（数据统计日期截至 2022 年 9 月）。

2012 年仅有 250 所学校在使用，到 2021 年已增长到近 4 倍。

尽管也有初高中学校使用的是其他手账，但在日本已经有约 31 万名初高中生在使用这款改良版的商务手账了。

如此多的初高中学校使用这款手账，目的之一正是让学生避免父母、老师的催促，能够自己按照时间采取行动，自己制订学习计划，做到自主学习。

日本文部科学省 2008 年发布了新的学习指导纲要，其中提到了对“生存能力”的培养。培养生存能力的要点之一便是“自主学习、自己思考”。

既不是“填鸭式教育”，也不是“宽松教育”，“自己思考、判断、表达的能力”才是 21 世纪的孩子必不可少的生存能力。

而这款改良版的商务手账在培养该项能力方面比较有效。

◇ 手账有助于养成三个好习惯

初高中生使用商务手账有哪些好处呢?

我们通过手账可以养成以下三个好习惯。

第一，记手账的习惯。

“减少丢三落四的情况”“按时提交学习报告”“减少忘做作业的情况”“可以简明扼要地记录内容并传达给他人”。

第二，有时间观念。

“作息规律”“能够制订每天的学习计划”“善于安排时间”“增加自主学习的时间”。

第三，思考的习惯。

“能够有意识地计划未来”“能够安排做事的优先顺序”“行动起来有目标意识”“能够反思自己的行为”。

学会记录老师说的话之后，就能养成“书写手账的习惯”。把要点写在手账上，多次翻看便能减少丢三落四的情况，也能减少忘做作业的情况。多次翻看手账，还能够增强时间观念，也能够减少换教室上课迟到的情况。

有了“时间观念”，就能实际感受到时间有多么宝贵了。有了不想浪费宝贵时间的意识，便能牢记生活要有规律，备考期间和假期也会积极制订学习计划和行动计划。

事情一开始自然不会按照计划顺利进行。经历过各种失败后，慢慢就会清楚何种计划能够实行，如何安排时间才能高效学习，而这些都可以通过手账来实现。

记录手账时，我们每次都需要思考要写在哪里、如何写。翻看手账时，会意识到接下来的计划是什么，并反思过去的行动，这会帮助我们养成“思考的习惯”。

此前没有注意过的时间安排、自己的行动等，都会通过手账变得清晰可见，目标意识会随之提高，实际行动也会发生改变。

◇ 减少丢三落四、晚交学习报告的情况

接下来，我们来依次看一下记手账带来的三个好习惯吧。

初高中生使用商务手账可以养成的第一个好习惯是“把事情写在手账上”。

拿到一本手账，如果不用，就起不到任何作用。只有每天坚持使用，它才能成为帮助我们养成“自觉学习，自己思考”的便利工具。

使用手账的第一步就是“把事情写在手账上”。

有的学校会在年级大会上要求学生把手账放在桌子上，把老师说的话记录在手账上。比如学习报告提交的截止日期、当天的安排、通知事项、委托事项等。

在使用手账之前，谁都不做笔记，学生

也知道截止日期等重要事项“必须记住”。但遗憾的是，不知不觉就忘记了，到了截止的那一天才猛然想起：“啊，原来是截止到今天。”

所以自然会出现丢三落四、晚交学习报告的情况。

■ 使用手账后，丢三落四、晚交学习报告的情况减少了吗？

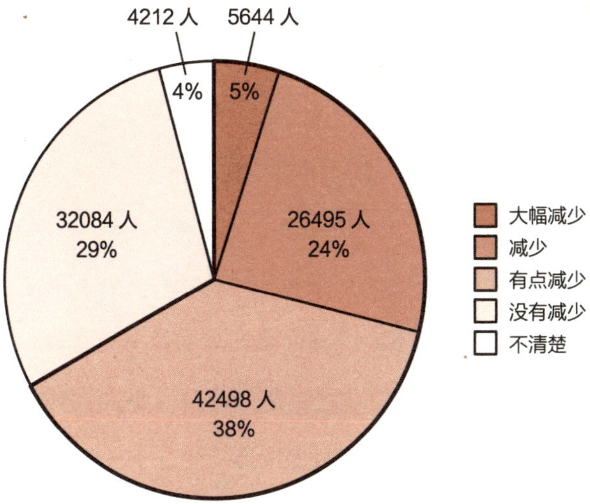

4212 人
4%
5644 人
5%
26495 人
24%
42498 人
38%
32084 人
29%
大幅减少
减少
有点减少
没有减少
不清楚

选自 2013 年度能率手账育才项目
成长调查汇总报告（全日本 463 所学校，110933 名学生）

上面的图表是 2013 年 7 月对约 11 万名初高中生调查的结果。

学生们从 4 月份开始使用手账，过了大概 3 个月，67% 的学生反馈减少了丢三落四和晚交学习报告的情况。

◇ 减少忘做作业的情况

使用手账不仅能减少丢三落四和晚交学习报告的情况，也能减少忘做作业的情况。

在使用手账之前，我们通常会把各门课布置的作业记录在相应科目的笔记本上，数学作业就记在数学笔记本上，英语作业就记在英语笔记本上，注明作业内容和交作业的日期。

心里记着有作业的学生在回到家后，会对照笔记本上的作业内容做作业。有预习、复习习惯的学生在预习、复习看笔记本时，也能注意到“啊，原来有作业”，然后开始做作业。

但是，也有粗心大意的学生，会忘记有作业这回事。回到家如果没翻看相应科目的笔记，就不会想到还有作业，自然就会忘记写，直到要交作业时才看到笔记本上的记录！

如果是这样，我们记笔记还有什么用呢？但是，如果我们把作业内容、提交日期都记录在手账上，就能减少此类事情的发生。

在学校翻看手账时会注意到“啊，明天要交数学作业”，回到家看手账时也能想起来“对了对了，数学作业明天要交”。

手账不同于学科笔记，一天有多次机会翻看，看见有作业的机会也会随之增加，多次看见就不容易忘了。

而且，决定好从哪天的几点开始做作业，然后把计划写在手账的日程栏上，几乎就不会忘记了。

写在手账上、翻看手账，看似简单，但对于此前没有用过手账的学生来说，光这两个步骤就足够麻烦了。

手账放在家里忘记拿到学校，或者落在学校了回家看不了，各种状况都会出现，但在经历过各种失败后，渐渐就会对手账难以舍弃，自然而然就随身携带了。

使用手账最初的 1 个月，做到三点就足够了：第一，经常随身携带手账；第二，有点事情就写在手账上；第三，翻看手账，检查有没有忘记什么事。

下两页的三个图表的调查对象和前文的初高中生相同。

从下面的图表可以得知，在年级大会上记手账的学生最多，约占一半，其次是在课堂上，再次是在家学习时。

■ **你在什么样的场景下会在手账上做记录呢?**

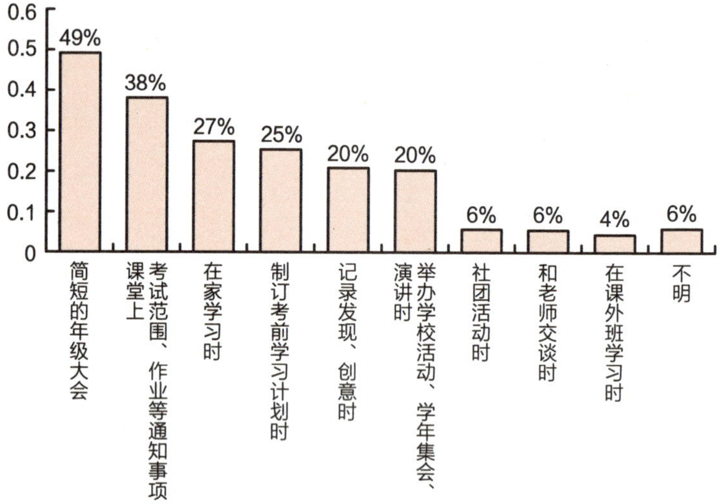
0.6
0.5
0.4
0.3
0.2
0.1
0
49%
38%
27%
25%
20%
20%
6%
6%
4%
6%
简短的年级大会
考试范围、作业等通知事项课堂上
在家学习时
制订考前学习计划时
记录发现、创意时
举办学校活动、学年集会、演讲时
社团活动时
和老师交谈时
在课外班学习时
不明

制订备考计划时，有发现、有想法时，举办学校活动、学年集会、演讲时，手账都能派上用场。

越是随身携带，写的机会就越多，这是手账的特点之一。

接着请看下面左侧的图表。在使用手账后，回答“书写量增加”和回答“书写量没变化”的学生中，“丢三落四情况减少”的学生比例有很大不同。在“书写量增加”的初高中生中，有82%的学生回答“丢三落四的情况减少了”。

下面右侧的图表是学生实际记录在手账上的内容。把各种事情记在手账上可以自然而然地培养时间观念。建立时间观念是遵守时间行动的第一步。

■ 书写量增加的学生和书写量没变化的学生之比

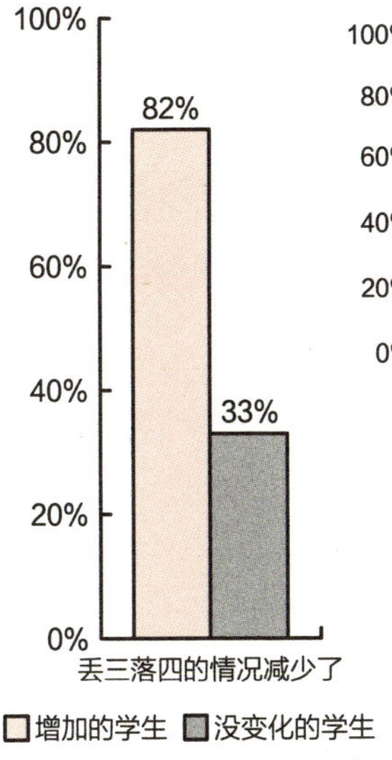
100%
80%
60%
40%
20%
0%
82%
33%
丢三落四的情况减少了
增加的学生
没变化的学生

■ 你会往手账上写什么？

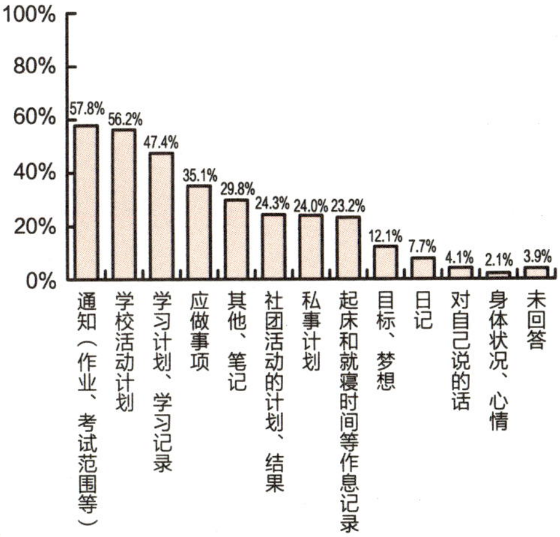
100%
80%
60%
40%
20%
0%
57.8%
56.2%
47.4%
35.1%
29.8%
24.3%
24.0%
23.2%
12.1%
7.7%
4.1%
2.1%
3.9%
通知（作业、考试范围等）
学校活动计划
学习计划、学习记录
应做事项
其他、笔记
社团活动的计划、结果
私事计划
起床和就寝时间等作息记录
目标、梦想
日记
对自己说的话
身体状况、心情
未回答

选自2013年度能率手账育才项目
成长调查汇总报告（全日本463所学校，110933名学生）

◇ 能简明扼要地书写并传达

在年级大会上，传达各种事项、学校活动等通知的人不只是老师，有时是学生负责人。

有的学校老师说，手账在传达这些通知时发挥了很大作用。

比如，在使用手账前，学生负责人需要一边看着记录通知的纸条，一边说给同学们听，要点不清晰，想要传达的事情不能顺利传达到，或者忘记说重要的事项。

而使用手账后，此类现象有所减少，学生负责人的传达方式明显得到提升。因为他们通过平时记录老师传达的通知，学到了通知事项的要点是什么。

能写的东西是有限的，我们不可能把老师说的话全部写入手账中。所以，每天都要思考“必须记在手账上的重要事项是什么呢”“老师想要传达的要点是什么呢”，想出来后再记录在手账上。

最初记录的时候可能不得要领，老师也许会特意说出来：“接下来说的事情要记在手账上。”但是渐渐地，即便老师不说，自己也能厘清要点，知道应该记什么。

坚持每天思考、反复记录，在自己变成传达的一方时，除了能掌握“必须传达的要点有哪些”，还会明白“什么样的传达顺序更易于大家记录”“重要事项要放慢语速”“最后再重复一次要点，大家就能明确了”。

看着记录着传达顺序和要点的手账，在通知的时候心里就会很清晰，能注意到细枝末节，所以负责传达通知事项的学生的表达能力可以得到大幅度提升。

记录要点的能力，在课堂上记笔记时、去听讲座时也能发挥作用。初高中时，老师或许会等待学生把黑板上的内容全部写在笔记本上，但大学并非如此。

也有的学生在找工作时因为写手账而得到了企业的认可。众所周知，记录要点的能力在工作后有多么重要。

◇ 掌握书写习惯的三大要点

如前文所述，养成书写手账的习惯会有各种益处，但也有人觉得“难以养成书写习惯”。

下面就介绍一下养成书写习惯的三个要点。

① 什么都写

对初高中生来说，最容易写的是学校的事情。明天的课表、要交的学习报告、需要携带的物品、作业、备考计划、通知事项、学校活动等，即便是“不写也知道”“不写也能记住”的事情，为了习惯使用手账也要试着写上去。

如果有参加社团活动，也可以写比赛计划、比赛结果、每天的练习内容、和队员商谈的事情、教练的提醒等，这些在将来都能发挥作用。

如果需要上课外班，把那些计划安排也写在手账上吧，也可以记录学过的内容、要点。

可以记录和朋友游玩的约定、购物安排、想买的东西、想去的地方、想看的电视节目等，这些和学校无关的私事自然也可以写。

② 从模仿开始

手账的写法没有规则，也没有正确答案，可以自由书写，但对有些人来说，最初从模仿开始或许比较容易。

本书提供了大量的写法示例，推荐大家从模仿这些示例开始书写。

朋友之间相互借鉴，交换书写方式也不失为一个好方法。

③ 如何享受书写过程

多数人没有养成写手账习惯的原因是觉得写手账“没意思”“太麻烦”。

为了享受书写过程，最好能多投入自己的心思，可以使用自己喜欢的彩笔，使用多种颜色，比如蓝色、绿色、粉色等，把手账变得五彩斑斓，这也许会增添书写的乐趣。

还可以使用专属的秘密记号，如贴纸、印章等。

也有的学生喜欢装饰封面，比如把偶像、运动员的照片放在封面上。

◇ 生活作息规律

手账上的内容增加，意识到“时间”的机会自然就会增加。

例如，在前面的调查结果（见第 21 页）中，有 2 成以上的初高中生会在手账上记录起床时间、就寝时间等作息状态。

起床时间和就寝时间是保障作息规律的“基础”。但是，现代日本人的现状却是难以保持规律的生活作息，即便想保持也无法做到。他们不知不觉就熬夜了，早上也起不来。

初高中生也一样，他们沉迷于手机游戏、看漫画而忘了时间，发觉的时候“已经过了深夜 12 点了”。

晚睡就会晚起。即使勉强起床，头脑也不清醒，整个上午都头昏脑涨的。

初高中生还在长身体，对他们来说，睡眠时间特别重要。虽说时长因人而异，但最起码要确保 7~8 小时的睡眠。所以有 2 成以上的初高中生会在手账上记录起床时间和就寝时间。

自己花心思，为了成为更好的自己而使用手账，是“自己思考，自己行动”的第一步。

观察 1~2 周的起床时间和就寝时间，可以立马算出自己最近的平均睡眠时长，进而思考“睡眠时间似乎有些不足，在哪里改动一下时间分配才能让自己早点睡觉呢？”

反过来，如果注意到“哇，是不是睡多了”，晚上也许会想多学习一会儿。

一提到手账，也许有人会先入为主地认为上面写的都是将来的计划，但就像在手账上记录起床时间、就寝时间一样，把实际做过的事情和时间一起记录在手账上是非常有用的。

比如家务、工作，做了什么事，花了多少时间，如果不记录就很难说清楚。把自己的日常活动写在手账上，从一周左右的记录中就能看出自己的行为模式，看清低效的时间安排和无用的行动有哪些。

◇ 能制订每日的学习计划

把自己实践过的事情写在手账上，就能正确理解“自己的现在”。以此为基础，便能规划出更优质的生活。

例如，3 天后要交数学作业。

在规划做作业时间时，首先要思考“需要多长时间？ 1 小时还是 2 小时？”

此时我们就可以参考过去的记录，如类似的作业花了多长时间。

把实际用时写在手账上，立马就能得到答案，但没有写也没关系，如果写有时间安排，大体就能推测出实际所用时长。

“那个时候我打算花 1 小时的，但实际用了 1.5 小时。”

“之前好像也没做完。”

回想起这些经历，渐渐地就能做出更好的判断：“为了以防万一，这次就计划 2 小时吧”“比之前量少，1 小时没问题吧”。

能够判断出所需时间后，第二步是边看手账边思考从哪天的几点开始做。

有时要参加社团活动回家晚，有时要去课外班，有时有想看的电视节目。

制订计划时，自己想做的事情要尽量满足。

但是，多数人应该注意到了，“自由时间意外的少”。

不使用手账时，感觉有大把时间，误以为“随时都能空出来 1 小时”。而实际在手账上写出各种计划后，就会注意到这种想法是错误的。自己可利用的自由时间意外的少。

有的同学可能还会从有限的自由时间中划分出 1 小时做数学作业，并写在手账上。

虽说写在了手账上，但不一定就能按照计划行动，可能回家路上和朋友聊兴奋后回家晚了，可能饭后看电视看多了，可能刚打算坐在书桌前做作业时，却看起了还没收拾起来的漫画，发觉后已经过了 1 个多小时。想必大家都有类似的失败经历吧！

但是，最初的时候，计划失败也没关系。通过手账意识到自己的自由时间很少，经历过无法按照计划进行的情况，明白事先估算时间有多么难后，就能强烈地意识到时间的重要性了。

把时间的使用书写在手账上，以此逐渐认识到我们在无意识中度过的时间花在了哪里，次数变多后，渐渐就能有“时间观念”了。

意识到时间有多么宝贵后，我们便会想“尽量不浪费时间”，从而制订计划。

调查结果也体现出了这一点。使用手账之后，61.1% 的学生变得能制订计划了，59.7% 的学生具备了时间观念。

而且，集中观察那些会写手账，并且书写量增加的学生，我们可以发现，81%的学生变得开始制订计划，77%的学生具备了时间观念。

■ 使用手账后你变得能制订每天的计划了吗？

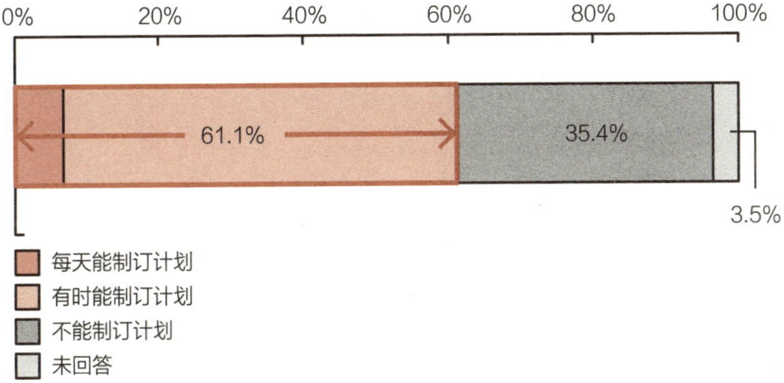
0%
20%
40%
60%
80%
100%
61.1%
35.4%
3.5%
每天能制订计划
有时能制订计划
不能制订计划
未回答

■ 使用手账后你变得有时间观念了吗？

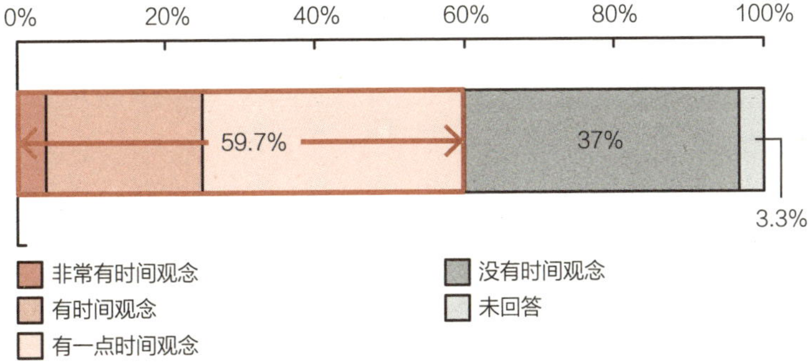
0%
20%
40%
60%
80%
100%
59.7%
37%
3.3%
非常有时间观念
有时间观念
有一点时间观念
没有时间观念
未回答

■ 书写量增加的学生和书写量没变化的学生之间的比较

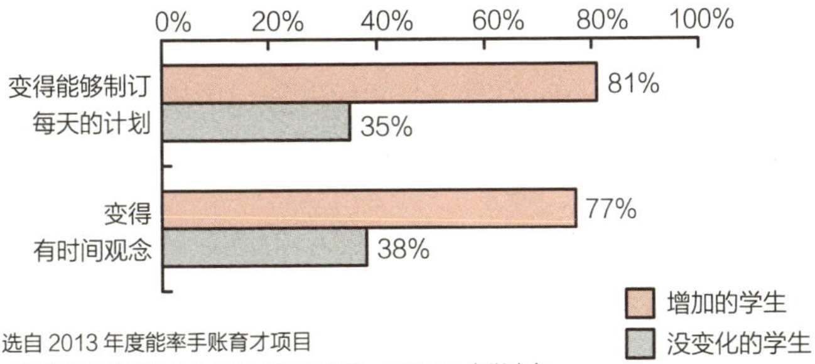
0%
20%
40%
60%
80%
100%
变得能够制订每天的计划
81%
35%
变得有时间观念
77%
38%
增加的学生
没变化的学生

选自 2013 年度能率手账育才项目
成长调查汇总报告（全日本 463 所学校，110933 名学生）

◇ 变得善于安排时间

即便在手账上写了学习计划、每天的安排，但在一开始实施的时候，我们很难按照计划行动，会反复经历失败。

但是，要知道“失败是成功之母”，失败的经验非常重要，在反复练习的过程中我们会慢慢找到适合自己的手账用法、时间分配，所以无须担心。

在这个难以按照计划执行的阶段，重要的是大量体验小的成功。

假设计划各用 1 小时预习英语、复习历史。

但是英语预习晚开始了 30 分钟，而且查英语单词比想象中要花更多的时间，结果用了 1.5 小时。这样一来就用了 2 小时，没有时间复习历史了。

此时，比起削减 1 小时的睡眠时间用来复习历史，还是以作息规律为优先吧。

翻看手账，看能不能在明天挪出 1 小时用来复习历史。未完成的计划可以通过调整第二天的计划来实施。

最重要的是，我们认真完成了英语的预习。虽然晚了 30 分钟才开始，还比计划多花了 30 分钟，但“完成了”的体验很重要。

“完成了”和“没完成”的事项各有 1 个，如果只关注“没完成”的事项，就会误以为“失败了”。也有人觉得完成和没完成的事项各有 1 个，两个抵消为 0。两项各有 1 个，倒不如重视“完成了”的那个，认为“今天是成功的”！

没做任何计划，或许什么都做不到，所以哪怕只按照计划完成一项，也尽情地享受成功的喜悦吧。

可以每天努力增加一两项按照计划完成的事项。

按照计划行动会令人心情愉悦，也能帮助我们增加自信，渐渐地就会掌握诀窍。

不断制订容易成功、容易实现的计划，逐渐增加成功的次数吧。

这是走向善于使用时间的捷径。

◇ 行动起来有“未来意识”

习惯把学习计划、未来的安排写在手账上后，就会常常思考：“为了实现这项计划，现在应该做些什么呢？”

最通俗易懂的示例就是备考。考试日期发布后，就要思考：“为了应对这场考试，从现在开始，要复习什么内容呢？如何复习呢？”

如果 1 个科目需要复习 10 小时，那么 5 个科目就需要 50 小时。如果提前 3 周开始复习，就有 21 天，所以平时每天复习 2 小时，再加上周六日的 3~4 小时，就足够 50 小时。

翻开手账，决定好哪一天复习哪个科目几小时，然后写上去，这非常容易。

但是多数情况下，计划赶不上变化。离考试越来越近，重新规划未能实现的安排时，发现时间不够用了，“啊，明天就要考试了，才复习了一半”，这种“悲惨”经历想必大家也体验过吧。

将这个“悲惨”的经历保留在手账上，在下次制订备考计划时，就能努力制订适合自己的计划：“期中考试的时候，最后复习时间不够，这次，复习时间要大于 3 周”“考前 3 天要完成全部复习，临考前的 3 天作为备用日吧”。

把社团活动的大赛日程写在手账上，就能具备比赛意识，便于思考每天的练习日程，调整状态。把旅行计划写在手账上，就会有未来意识，便于思考前期的准备工作，比如，何时预约机票、车票，何时挑选宾馆、旅店等。

更日常的例子也有，比如换教室上课不再迟到。如果只看课程表，我们只能大概了解“下一节是理科”“第三节课是理科”，但如果在手账中写上“理科教室”，就会注意到“啊，今天做实验，要去理科教室”，就不会再迟到。

虽然只是一点小改变，我们的“未来意识”就会得到很大的提升。

◇ 在家学习的时间增加

使用手账的目的之一是，不用父母催促，也能“自主学习”。

使用手账后，初高中生的实际学习时间变化，我们来看一下调查结果吧。

第一，从下表中可以看出，除去备考，平时和周末学习 1~2 小时的学生最多，平时比周末学习时间更长的人较多。

第二，对于每天的家庭学习时间增加了多久的回答，遗憾的是，“没有增加”的回答占 41.4%，占压倒性多数。

回答“增加了”的人有 31.1%，“增加了 30 分钟”的人有 11.9%，“增加了 1 小时”的人有 7.7%。每天增加 30 分钟学习时间，一周就能增加 3 小时 30 分钟。初高中生能自由支配的时间据说是平均每天 2 小时，所以能增加 30 分钟真的非常厉害。正是这每天 30 分钟的积累才形成了大的差距。

■ 除去备考，你平时和周末的平均学习时间是多少？

平时			周末	
人数	比例	回答	人数	比例
13394	12.1%	0 分（没学习）	14355	12.9%
15269	13.8%	不满 30 分钟	12194	11.0%
22531	20.3%	30 分钟 ~ 不满 1 小时	15780	14.2%
28682	25.9%	1 小时 ~ 不满 2 小时	21010	18.9%
15873	14.3%	2 小时 ~ 不满 3 小时	19549	17.6%
4698	4.2%	3 小时 ~ 不满 4 小时	10137	9.1%
1374	1.2%	4 小时 ~ 不满 5 小时	5129	4.6%
801	0.7%	5 小时以上	4627	4.2%
4658	4.2%	不知道	5308	4.8%
3653	3.3%	未回答	2844	2.6%
110933	100%	合计	110933	100%

■ 你每天的家庭学习时间增加了多久？

回答	人数	比例
没有增加	45962	41.4%
增加 10 分钟左右	4972	4.5%
增加 20 分钟左右	5009	4.5%
增加 30 分钟左右	13226	11.9%
增加 1 小时左右	8490	7.7%
增加 2 小时左右	1835	1.7%
增加 3 小时左右	499	0.4%
增加 4 小时左右	156	0.1%
增加 5 小时左右	271	0.2%

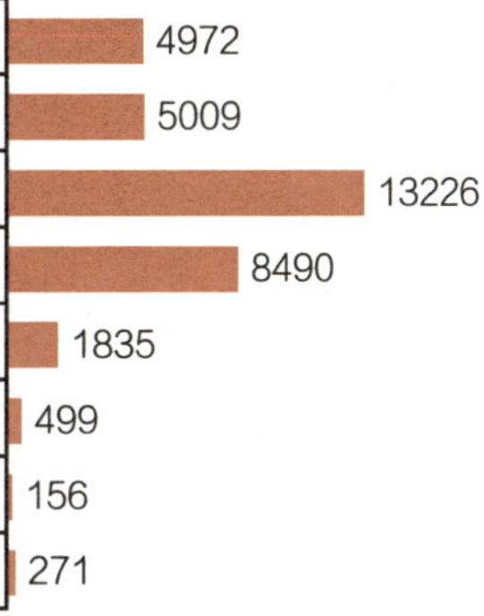
4972
5009
13226
8490
1835
499
156
271

选自 2013 年度能率手账育才项目
成长调查汇总报告（全日本 463 所学校，110933 名学生）

3

『思考习惯』带来的改变

◇ 为什么要培养“思考习惯”？

习惯“记手账”后，自然而然就能具备“时间观念”，同时还能培养“思考习惯”。

例如，在 6 月 1 日的年级大会上，老师说“6 月 10 日要提交某个讲义”。那么，我们要把这个事项写在手账的哪里呢？又该如何写呢？

没用惯手账的学生或许会因为“今天是 6 月 1 日”，就在 6 月 1 日的日程栏里写上“6 月 10 日之前提交某个讲义”。

但是，如果这样写，恐怕在 6 月 10 日之前提交不了。

因为，即便把提交截止日期特意写在了手账上，但写的位置是 6 月 1 日的日程栏，而实际准备讲义的时间是在提交讲义的前一两天，即 6 月 9 日或者 8 日，在 8 日或 9 日，我们几乎不可能去翻看 6 月 1 日的日程栏了，因为已经是一周前的记录了。

那么，把“讲义提交截止日期”写在 6 月 10 日的日程栏又如何呢？

将手账展开看，一般能够浏览一周的日程，所以，在 8 日或 9 日能够注意到“10 日是讲义提交的截止日期”。

“写在手账上”并不是单纯地写一写就完成了。写什么、写在哪儿、如何写，书写的时候要常常思考这些问题。

而且，用惯手账后，有人会把“讲义提交，明天 10 日截止”特意写在截止日期的前一天，即 6 月 9 日。把日期写在实际准备讲义的那一天，便于更充分地做准备。

特别重要的讲义要用红笔写，或者上下划线来引起注意，提醒自己“绝不能忘记”。这些小心思也必须自己思考。

前面也讲过，习惯在手账上写计划后，就会常常思考“从几点开始学习”“哪个科目学习多久”，还会思考没有实现的计划“下次什么时候做”。每次写手账时都会思考这些问题。

所以，养成记手账的习惯，也能同时养成思考的习惯。

◇ 能安排好做事的优先顺序

“想做的事情”有很多，这非常好。但是，还有“必须要做的事情”，而时间有限，所以如果不好好制订计划，就不能全部做完。

“想看电视，还想玩游戏，但必须做作业。”

此时派上用场的是“优先顺序法”。

如下页图所示，横轴表示“重要程度”，纵轴表示“紧急程度”。

把自己想做的事、必须做的事分为以下 4 项，就能安排优先顺序：

① 重要且紧急

② 重要非紧急

③ 非重要但紧急

④ 非重要非紧急

我们用电视、游戏和作业来举例思考一下吧。

特别想看的电视节目是最想做的事情，所以重要程度高。

那么，紧急程度是高还是低呢？

如果是可以录像观看的节目，那紧急程度就低，属于②“重要非紧急”。如果是足球比赛的直播等错过就无法观看的节目，那紧急程度就变高，属于①“重要且紧急”。

重要程度、紧急程度矩阵

这里要上心，不能疏忽。
如果③多，重要的②就做不了，
希望大家养成高效做事的习惯。

优先顺序第一，
但如果这里增加很多，就
会出现混乱状态。

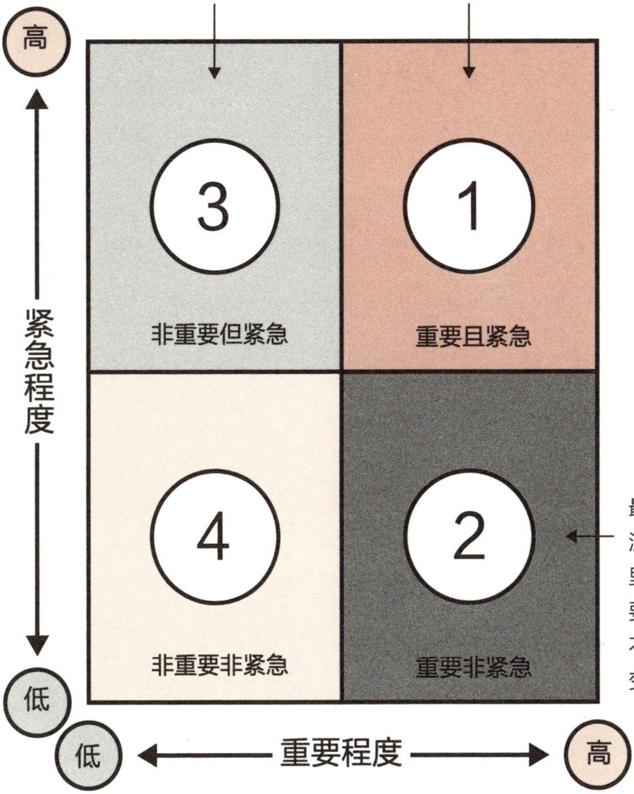
高
紧急程度
低
3
非重要但紧急
1
重要且紧急
4
非重要非紧急
2
重要非紧急
低
重要程度
高

最应该引起注意的是这里。关键是要有计划性，不要让它们变得紧急。

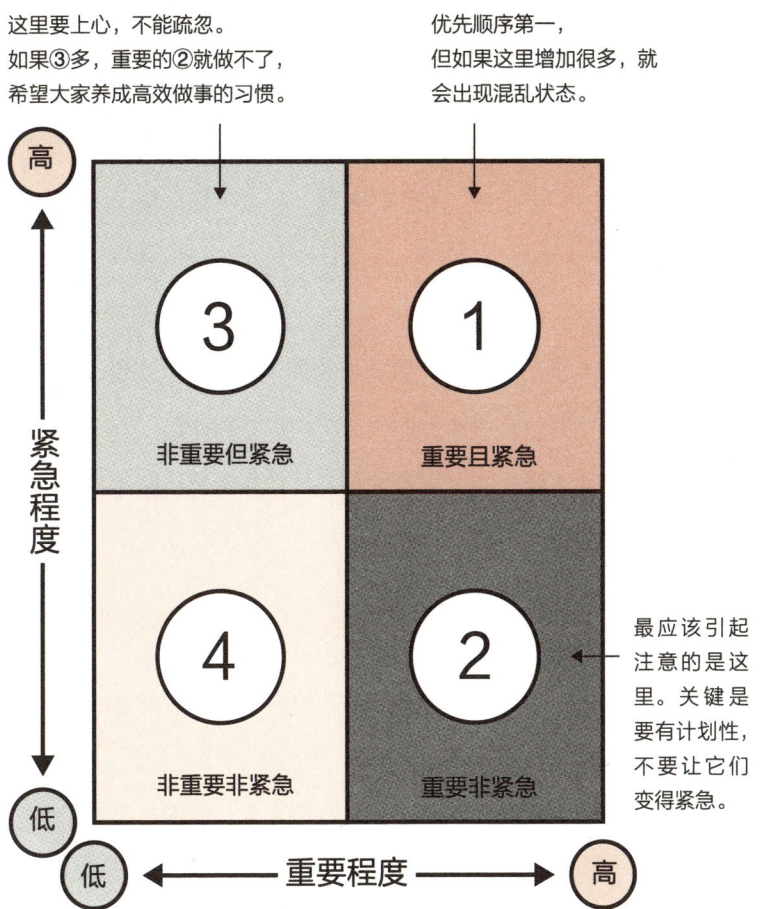

游戏呢？可以有时间的时候再玩，属于④“非重要非紧急”。

作业是必须要做的，重要程度自然变高。紧急程度则根据提交的日期决定。一周后提交，属于②“重要非紧急”，明天提交，就属于①“重要且紧急”。

除此以外，还有每天要做的事情，吃饭、洗澡等，它们是很重要，但和“想做”、“必须做”的那种重要性有些不同，属于③“非重要但紧急”。

这样分成 4 项后，从①“重要且紧急”开始制订计划。

想看足球比赛，在手账上的相应时间栏写入计划。

作业也一样，在手账上写好计划，从几点做到几点。

②和③中想做的事情、应该做的事情也要全部计划好，如果有剩余时间，就能玩游戏。

但实际上，有时并没有那么多时间用来看电视、做作业。这种时候应该如何做呢？

此时就要思考电视和作业哪个更重要。不，根本无须思考，必须先做作业。电视可以之后再看。

为避免该类事情的发生，重要的是尽早地制订计划。

要点是，在变成①“重要且紧急”之前，在②“重要非紧急”阶段就不断地行动。不要等交作业的前一天才开始做作业，更早开始做，就能在变成①之前的②阶段完成。

还有一个要点是不要在③“非重要但紧急”花费过多的时间。特别是想做的事情有很多的时候，吃饭和洗澡要迅速麻利地完成。

能安排好优先顺序，就能一边做好“必须做的事情”，一边不断实现“想做的事情”。

◇ 行动起来有目标意识

把目标写在手账上，能够实现目标的概率会大大提高。

前面讲过，一旦制订计划，行动起来就会有未来意识。同样，写下目标，行动起来就会有目标意识。

什么样的目标都行。从“考上某某大学”“某某大赛夺冠”之类的大目标，到“每天 10 分钟伸展运动”“不吃零食”等小目标，我们能想到的有很多。

如果是大目标，可以大大地写在手账的首页，或者打印出来贴上，每次看的时候就能注意到目标，能够长期维持实现目标的干劲。

如果是小目标，可以放在每周展开页的上方，一周里每天都能看见，这样目标意识也会大大提高。

除了增加意识到目标的次数，还有助于我们思考达成目标的途径，在手账上写下实现目标的计划，目标达成率会进一步提高。

你能意识到自己的目标吗？

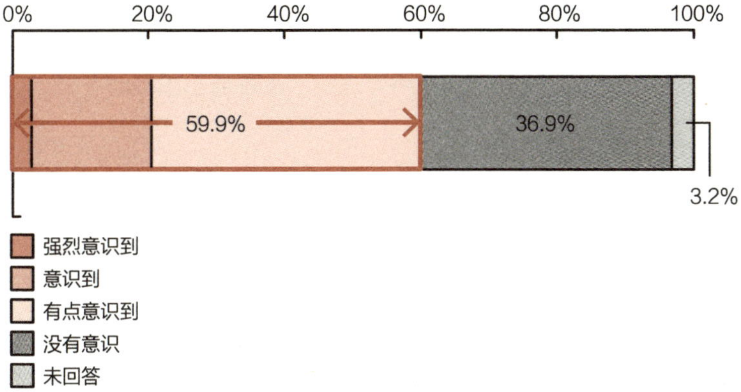
0%
20%
40%
60%
80%
100%
59.9%
36.9%
3.2%
强烈意识到
意识到
有点意识到
没有意识
未回答

书写量增加的学生和书写量没变化的学生之间的比较

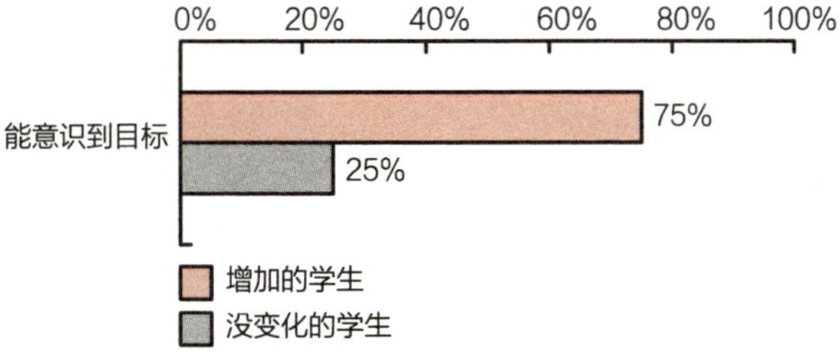
0%
20%
40%
60%
80%
100%
能意识到目标
75%
25%
增加的学生
没变化的学生

选自 2013 年度能率手账育才项目
成长调查汇总报告（全日本 463 所学校，110933 名学生）

◇ 反思自己的行动并应用于下次

前面讲述了初高中生使用手账带来的各种改变，我们认为手账最重要并最需要大家重视的使用方法是“反思自己的行动”。

手账上不只写有未来的计划，还保留着做过的事情、未能实现的事情等“过去”的痕迹。

如果对过去束之高阁，那我们永远不会改变。

反思过去，可以得出新见解、新想法：“下次那样做吧”“下次试着这样做吧”。将新想法付诸实践，不仅能增加适合自己的做事方法，还能增加成功体验。

反思自己的行动并将其应用于下次计划，是手账非常重要的功能。

例如，晚上睡觉前翻看手账，反思今天做过的事情。

“今天完成了英语学习计划。”

“想看的书看完了。”

每天的成功体验不仅能提高自己的干劲，还能增强自信。

但是，如果不留出时间反思，难得的成功体验就会随着时间长河一闪而过。这样不可惜吗？

或许有人会说“每天都反思太麻烦了”“没必要每天反思吧”。

所以我们建议，养成周日反思过去一周的习惯。

早上晚上都可以。制订 20 分钟到 30 分钟的“反思时间”，写在手账上。

在反思时间里，翻看这一周的日程栏并思考。每天在手账上写的事项越多，反思内容就越充实。

“本周发生了计划以外的事，好多计划都没能实现。”

“社团活动很努力，但是学习有些懈怠了。”

要把这些发现都写在手账上。因为如果只是在反思的时候感慨一下，就只是当场有效，难以应用到下次的行动中。

总结成文写在手账上，以后可以随时翻看。

疑惑“要反思些什么”的同学，可以试着思考这一周“顺利的事情”和“不顺利的事情”，将其写出来。

可以写在手账周页日程栏的空白处，也可以写在附签上贴上去。

可以写得像作文，也可以分条写。选择自己容易书写的方法。

“顺利的事情”和“不顺利的事情”每项至少写一个。如果每项能写三个，就是相当充实的反思了。

下页图表是以初高中生为对象的调查，结果显示，使用手账后，会反思的学生和能把反思应用于下周行动的学生都有一半以上。

而在使用手账后书写量增加的学生中，能完成以上两项任务的学生均超过 60%，明显多于使用手账但书写量没变化的学生。

使用手账后，你变得能反思自己过去一周的行动了吗？

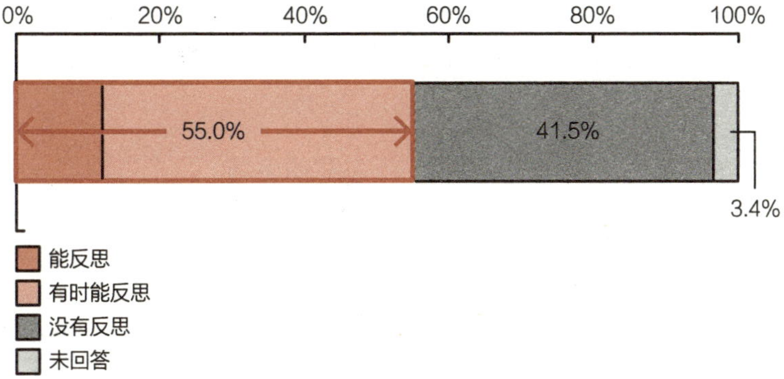
0%
20%
40%
60%
80%
100%
55.0%
41.5%
3.4%
能反思
有时能反思
没有反思
未回答

你能将反思应用于下周的行动吗？

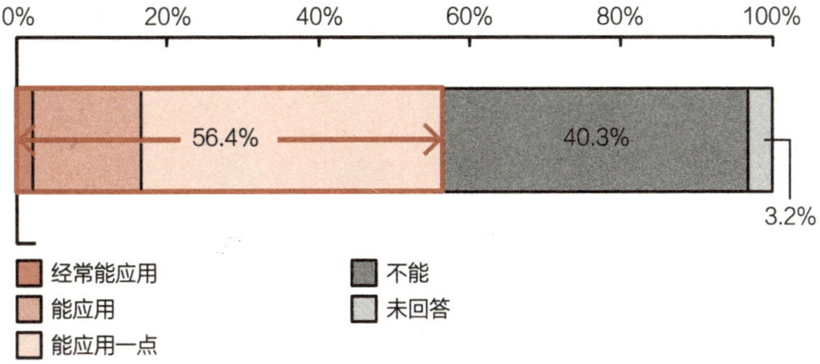
0%
20%
40%
60%
80%
100%
56.4%
40.3%
3.2%
经常能应用
能应用
能应用一点
不能
未回答

书写量增加的学生和书写量没变化的学生之间的比较

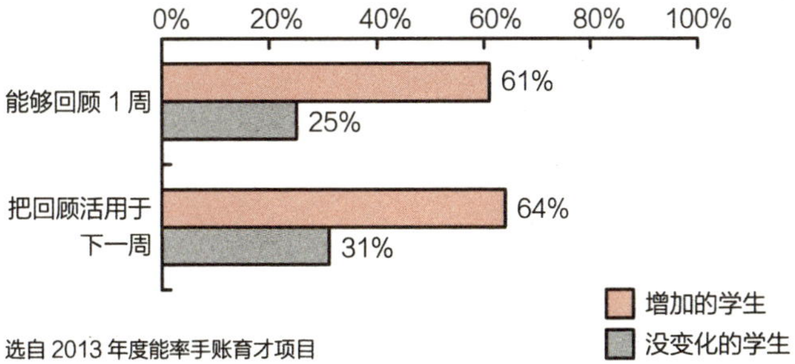
0%
20%
40%
60%
80%
100%
能够回顾 1 周
61%
25%
把回顾活用于
下一周
64%
31%
增加的学生
没变化的学生

选自 2013 年度能率手账育才项目
成长调查汇总报告（全日本 463 所学校，110933 名学生）

◇ 善于总结自己的想法

每周反思“顺利的事情”“不顺利的事情”，把发现写在手账上，这样能够学会总结自己的想法。

我们的反思不是写给老师看的，说到底是为了自己而写，是现在的自己想传达给未来的自己的建议。

有时有想说的话，但自己也说不清楚具体是什么，大人有时候也会有这样的体验。

为了能准确总结自己的想法，可以试着把想到的都写出来，整体回看，就能注意到“啊，原来是这样，我想说的是这个”。

使用手账每周反思，把发现和想告诉给未来的自己的事情写在手账上，就相当于在总结自己的想法。

反思书写示例

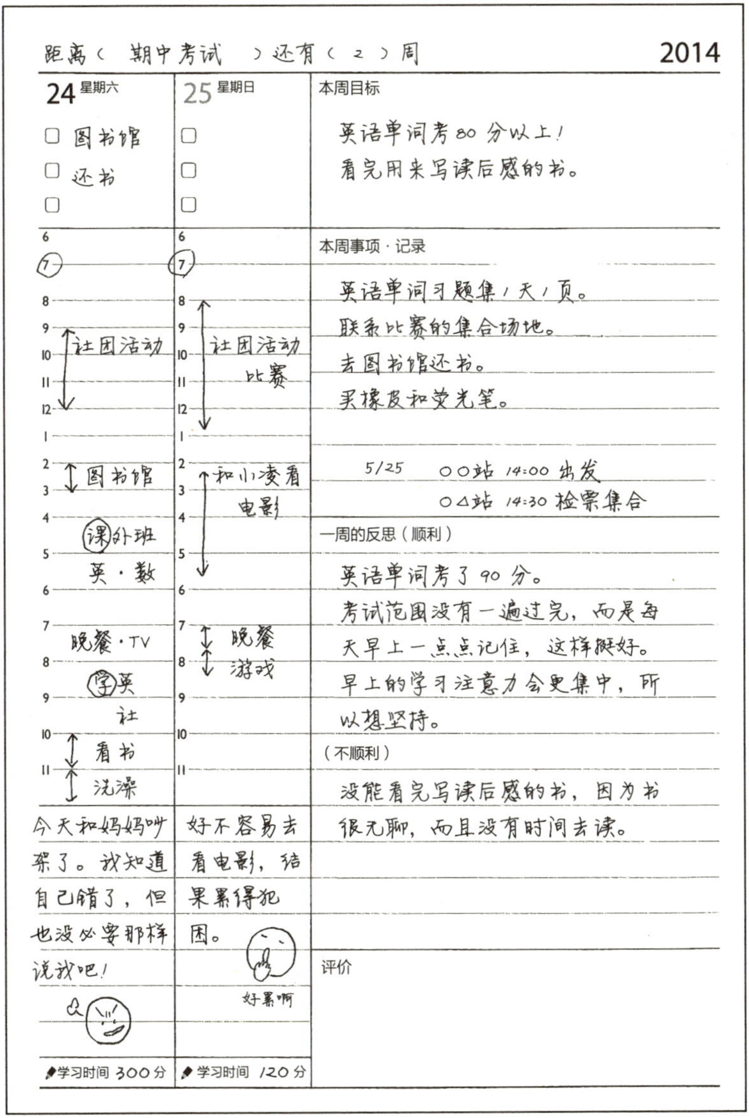

距离（期中考试）还有（2）周　2014

24 星期六
- □ 图书馆
- □ 还书
- □

25 星期日
- □
- □
- □

本周目标

英语单词考80分以上！
看完用来写读后感的书。

24 星期六
- 6
- 7
- 8
- 9—12 社团活动
- 1
- 2—3 图书馆
- 4—5 课外班 英·数
- 6
- 7 晚餐·TV
- 8—9 学英 社
- 10 看书
- 11 洗澡

25 星期日
- 6
- 7
- 8—12 社团活动 比赛
- 1
- 2—5 和小凌看电影
- 6
- 7 晚餐
- 8 游戏
- 9
- 10
- 11

本周事项·记录

英语单词习题集1天1页。
联系比赛的集合场地。
去图书馆还书。
买橡皮和荧光笔。

5/25　○○站 14:00 出发
　　　○△站 14:30 检票集合

一周的反思（顺利）

英语单词考了90分。
考试范围没有一遍过完，而是每天早上一点点记住，这样挺好。早上的学习注意力会更集中，所以想坚持。

（不顺利）

没能看完写读后感的书，因为书很无聊，而且没有时间去读。

24 星期六

今天和妈妈吵架了。我知道自己错了，但也没必要那样说我吧！

25 星期日

好不容易去看电影，结果累得犯困。
好累啊

学习时间 300分　学习时间 120分

评价

4 自然掌握『PDCA循环』

◇ 从“商务常识”到“一般常识”

前文提到记手账可以养成“在手账上书写的习惯”“时间观念”和“思考习惯”。

这和长期受商界重视的“PDCA 循环”实际是共通的。

如下页图所示，在“PDCA 循环”中 P 是“PLAN”，即“计划”，D 是“DO”，即“执行”，C 是“CHECK”，此处可以理解为“反思”，A 是“ACTION”，对下一次计划的“改良”。

比起毫无计划地做无用功，制订好计划后转为执行，这样实践起来更为高效，能做的事情也会大大增加。即通过制订计划使得工作、学习的效率大幅度提升。

接着是反思执行过的事项和未能执行的计划。哪些执行的不错？哪些做得不好？反思好的点和不好的点。

PDCA 循环

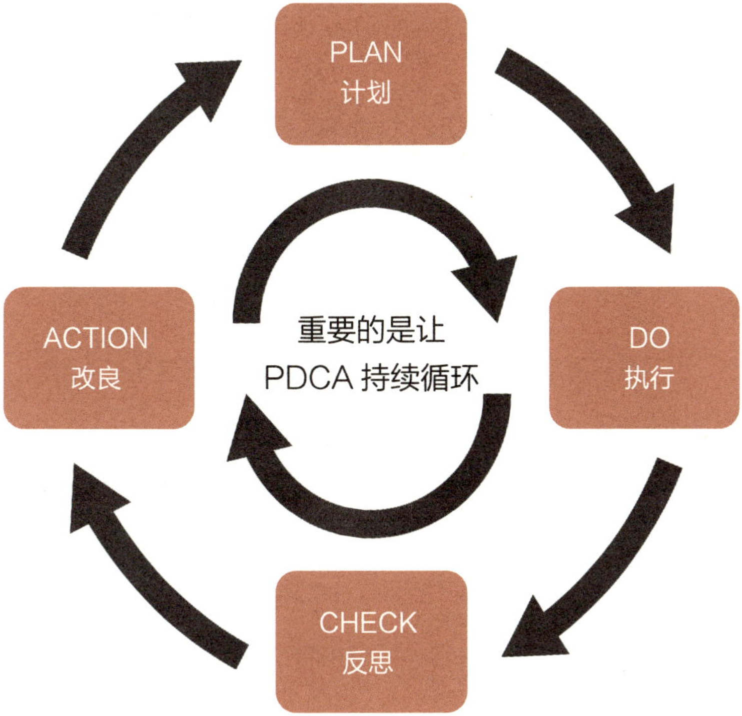
PLAN
计划
DO
执行
CHECK
反思
ACTION
改良
重要的是让
PDCA 持续循环

然后将这些反思应用到下次的计划制订中。好的点同样也能活用于下次的计划，不好的点就动动脑筋，改良一下，避免同样的失误发生。

执行后反思，改良后制订下次的计划，再次执行、反思、改良、制订计划、执行、反思、改良……连续进行 P → D → C → A → P → D → C → A → P →……

就像轮胎一圈圈连续转动一样，所以被称作“PDCA 循环”。

“PDCA 循环”虽然在商业界是常识，但在以前并不为大众熟知。

特别是初高中生，以前很少有机会学习时间的分配方法、计划的制订方法等，所以并不知道。

但手账在家庭主妇和学生之间十分普及，随着手账被大家广泛使用，“PDCA 循环”也开始普及开来。

同样，作为使用手账时的高效思维方式，“PDCA 循环”开始在学生群体中广泛传播。

无论对于商业界，还是家庭主妇、学生而言，手账和“PDCA

循环”密不可分。毫不夸张地说，“PDCA 循环”已经从商业界的常识逐渐成为被广泛接受的一般常识。

使用手账、坚持“PDCA 循环”，不仅能实现如旅行、看书、练一口流利的英语口语等许多自己想做的事，在高考、大学学习、考资格证等方面也能发挥巨大作用。

从初高中就开始使用手账，可以早早地掌握这项基本能力，并且可以提升受用一生的书写能力、时间管理能力和思考能力。

在使用手账时，它会催促我们“快点做”“去学习”。

手账自然不会说话。但使用手账后，在无形中我们就会对自己说“快点做”“去学习”。

通过自我约束、自我鼓励、自我批评，培养自己学习、自己思考、自己行动的“自我管理能力”。

◇ 通过成就感提升持久力

使用手账、坚持“PDCA 循环”也有诀窍，最大的诀窍就是大量经历小的成功。

比起突然制订长期计划，倒不如先制订今天、明天的日常计划，多多执行，哪怕只执行一个也行。

虽然是具体到一天的计划，但也不必以分钟为刻度，最初粗略地以 1 小时为单位制订计划即可，计划和计划之间事先留出 30 分钟的空余时间，制订一个比较宽松、容易执行的计划。

计划实现的概率一提升，就能充分享受成就感了。

自己制订的计划能够顺利执行的感觉，体验过一次就会懂得，不仅会使心情变好，干劲也能高涨。

干劲高涨，计划实现的概率会进一步提升。干劲一高涨，能做的事项随之增加，能做的事项一增加，干劲也会进一步高涨。

这个良好循环会成为长久坚持“PDCA 循环”的动力源泉。

◇ “反思改良”比以往更受重视

此前，人们通常把“PDCA 循环”的重点放在前半部分，即“制订计划并执行”上。

因为光是制订计划、执行计划，就能比那些毫无计划的人收获更大的成果。

但是近年来在商业界，许多人都会制订计划。单靠制订计划、执行计划，已经不能产生大的成果差距了。

所以，我们要重视“PDCA 循环”的后半部分“C”和“A”，即把自己的计划行动重点转移到“反思和改良”上。

单单按照计划，在截止日期之前做完领导安排的工作已经远远不够了。现在需要的人才，是会用自己的头脑思考，根据实际情况去改良，进而形成自己做法风格的人。不，不仅仅是现在。我们认为，比起现在的商务人士，生活在未来的初高中生需要更多的“反思和改良”。

◇ 了解自己，以此进行适合自己的改良

我们在“PDCA 循环”中特别重视“反思”。

现在的初高中生是未来的主角，“反思能力”是必不可少的能力之一。

反思自己的行动是为了充分了解自己。

自己在某件事上面花了多长时间?

有没有浪费时间?

什么事情即便长时间坚持也不觉得苦呢?

反过来，自己不擅长的是什么呢?

有没有只学习拿手的科目呢?

什么时候会立马放弃?

十几岁的时候，我们大体上都不了解自己。

而有时父母、老师会更懂自己。

但是，使用手账、习惯每周“反思”后，就能看清自己的行动特点。

在决定未来方向时，是否准确知道自己的特点非常重要。平时使用手账反思并观察自己的行动，把发现记录下来，在升学、就业

时一定会发挥作用。

“反思”不仅能了解自己，也能“打造”自己。

知道自己的优点，就能进一步拓展它。

知道自己的弱点，就能思考克服它的方法。

比如经常丢三落四、毫无时间观念，使用手账后能看得一清二楚，从而去改善这些不良习惯。

“虽然能在书桌前静心学习，但要花很长时间才会磨磨蹭蹭地坐在书桌前。”知道这一点，就会绞尽脑汁去思考，如何让自己提升执行力、不拖延。

反思自己的行动会看见意想不到的自己，发现另一个意外的自己，进一步“改良加工”，就一定能看见自己光明的未来。

◇ 手账是“经验存储箱”

从初高中开始就去享受开动脑筋的乐趣，知道自己下功夫努力也能完成许多事情后，就会逐渐增强自信，积极性也会随之增强。

也就是说，自己会变得积极主动地采取行动。

反过来说，有时候自己不主动是因为没有自信。

对于自己今天能做到的事情，还有不能做到的事情，即便当时记得，但日子一长也必定忘记。

手账是“经验存储箱”。哪怕每次只在手账上记录一点点经验，慢慢就能积少成多。如果什么都不写，难得的体验和经历就会消失在时间的长河中。

不知道自己的长处，就无法拓展。

不知道自己的短处，就无法克服。

没有机会和自己的经历面对面，就一直无法了解自己。

这样就不可能变得自信——相信自己。

使用手账、坚持“PDCA循环”，就是坚持每天把自己的经历“存储”在手账上。

存钱罐里的钱会越用越少，但存储在手账里的经验就算被拿出来应用也不会减少。

手账上存储的经验越多，越能了解自己，越能自我改良，最后还会获得“利息”——自信。

不用别人催促，也能逐渐地自发行动。

2012 年我们举办了第一届“手账联赛”，活动上公开了一些初高中生的手账使用案例，被评选为最优秀学校的兵库县立西宫北高等学校对手账效果做出了如下评价：

“我们没有把手账指导定位为可以立即获得‘战斗力’的神器。我们也在实践其他举措。

“如果要我在现阶段描述我们，特别是指导手账的负责人期待的效果，应该是这样的：20 年后，大部分接受过手账指导的毕业生把这三本手账当作自己一生的宝贝收藏在家。

“你或许觉得这种‘效果’有些梦幻。不，我们认为，手账轻轻松松就能实现这种情景，手账有这份实力。”

没错。记录着初高中时代每日行动的手账，将是我们“一生的宝物”。

自己打造的、专属于自己的宝物。

我们希望还是初高中生的你一定要打造这份“一生的宝物”。

第2章

专为中学生打造的手账术：『计划』篇

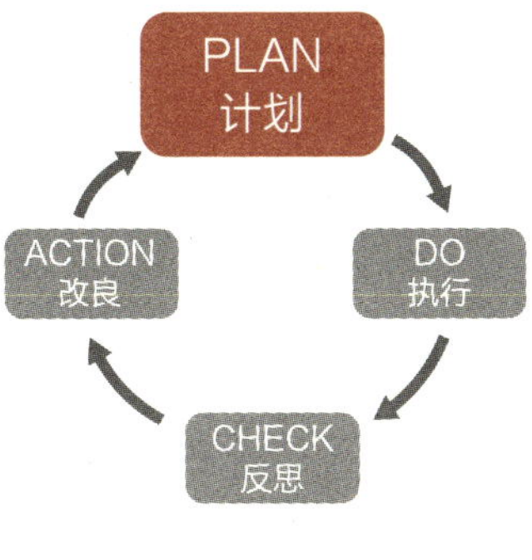
PLAN
计划
DO
执行
CHECK
反思
ACTION
改良

1 首先写下今年的目标

可以在新学期伊始就思考并写下“今年的目标”。

任何目标都可以，内容不限，学习计划、社团活动、班级活动、家庭安排、个人想法等都可以写，分开思考会更容易。

推荐把今年的目标写在手账第一页。因为想看的时候，一掀开就能随时看见。而且，大多数人在翻看手账时，都会翻开第一页。即便不想看，上面的字也会自动映入眼帘，增加看见目标的机会，每次看的时候都能够唤醒梦想和目标意识。

“没错，为了实现这个目标，现在也要努力。”

这么一想干劲就涌出来了。

为了显眼，字要尽量写得大一些，意思要通俗易懂。最好写像标语一样的短句。每次看的时候都念出来，更容易记在心中。

可以在笔的粗细、颜色上动心思，比如用黑色的粗笔写学习目标，用蓝色或者红色的笔写社团活动的目标。

目标的书写示例

◎ 微笑着度过每一天

◎ 自己先问候

◎ 孜孜不倦地每天坚持学习

姓名：黑川 砂矢香

2 可以列出两三个目标

上一节建议大家把一年的目标书写在手账的第一页。

但有的人想在手账上书写多个目标，比如学习目标、社团活动的目标、兴趣特长的目标、班级目标等。

也有人想写两年后、三年后，甚至未来的梦想和目标。

这些目标可以写在手账的“环衬页”。

手账里有一页较厚的纸，位于封面的后面，这就是环衬页。这页纸本来并不是用于书写的，但这一页能被迅速翻开，很容易就能被看见，所以适合写大的目标。

环衬页有两个，在手账的头尾都有，所以可以写多个梦想、目标，可以把只属于自己的秘密目标悄悄写在末页。

翻看的时候，手写的目标更能增强“这是自己的目标”的意识。

不过，如果要书写多个目标，或者是想客观分析数值目标，也可以打印出来贴在手账上，或者粘贴能够让你意识到目标的照片，再或者描画出来，效果都不错。

■ 在环衬页书写目标的示例

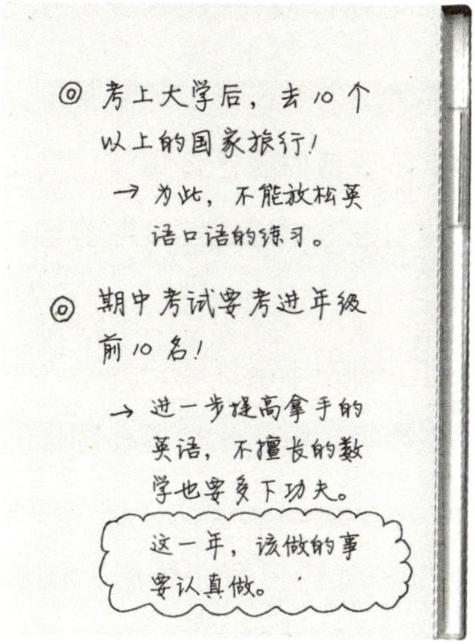
◎ 考上大学后，去10个以上的国家旅行！
→ 为此，不能放松英语口语的练习。
◎ 期中考试要考进年级前10名！
→ 进一步提高拿手的英语，不擅长的数学也要多下功夫。
这一年，该做的事要认真做。

用粗笔写大一些，认真地写，以便看清。分条写更容易看清。如果使用照片，会让目标更有吸引力。

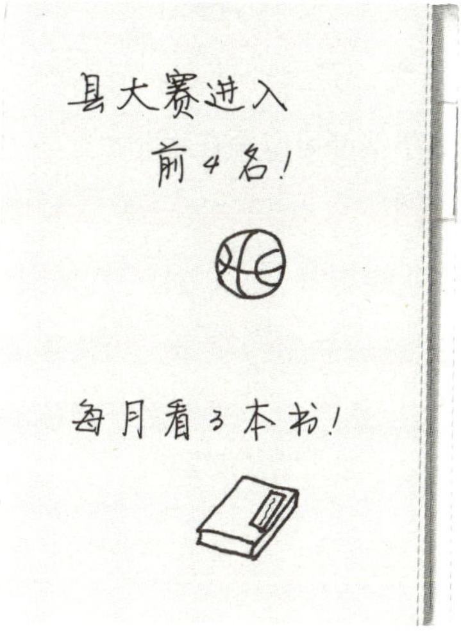
县大赛进入前4名！
每月看3本书！

一定要考上！

3 重要的年度活动在春季开学时书写

学校的年度活动大多在春季开学发布。为了习惯使用手账，首先要把体育节、文化节、期中考、期末考等学校的年度活动写在手账上。

同样，社团活动的年度计划也要写入手账。大赛、发布会等，每年大体是在同样的时间进行。

课外班也有一年的日程。每周一般去1~2次，定好去的日期和时间，可以直接在手账的日程栏里写上3~6个月的计划。

家庭旅行计划、黄金周计划、新年计划等，已经定好的事情都可以写在手账上。

除了自己的生日，也可以写上家人和朋友的生日，这样就能减少“忘买礼物”的情况。

写得越多就越习惯使用手账，也就越能找到书写的诀窍，最后会形成专属于自己的独一无二的手账。

就当作练习写手账，在春季开学的时候写上各种年度计划吧。

春季开学时写下重要的年度活动

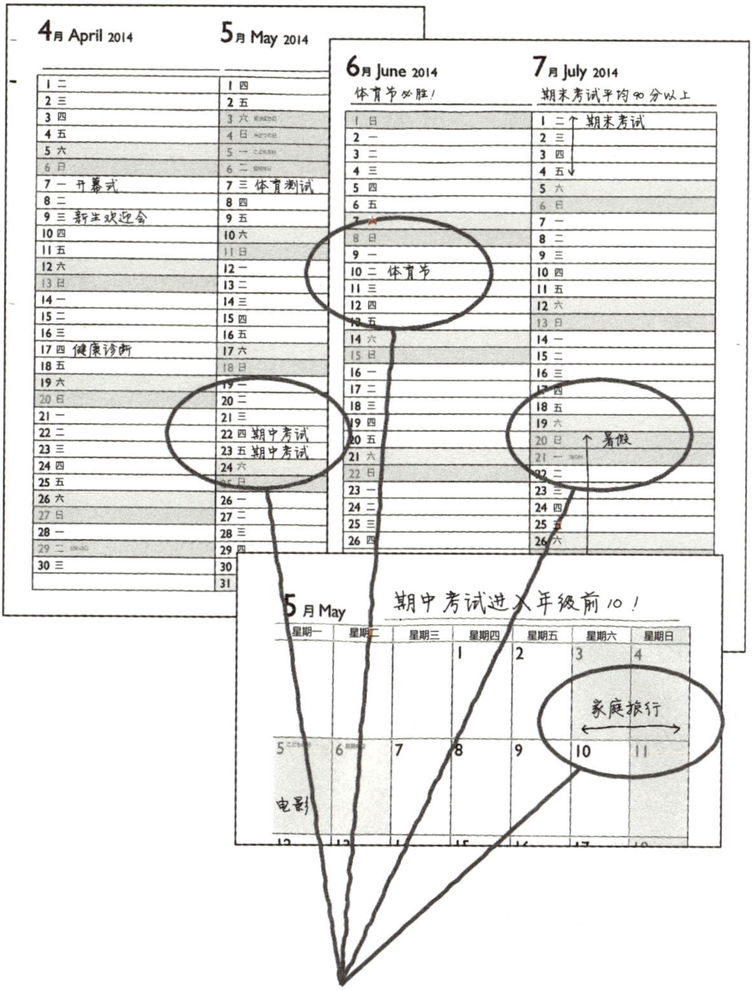
4月 April 2014
5月 May 2014
7 一 开幕式
9 三 新生欢迎会
17 四 健康诊断
7 三 体育测试
22 四 期中考试
23 五 期中考试
6月 June 2014
体育节必胜！
10 二 体育节
7月 July 2014
期末考试平均90分以上
1 二 期末考试
暑假
5月 May
期中考试进入年级前10！
星期一
星期二
星期三
星期四
星期五
星期六
星期日
家庭旅行
电影

○ 把考试、体育节、黄金周等已知活动立即写入手账。

4 参考去年的手账，丰富今年的计划

如果不是初次使用手账，而是已经用了一两年，就可以参考过去的手账，把今年的年度活动写在新手账上。

比如，看去年手账 4 月的日程栏就能知道今年也有同样的活动，可以把它们写在今年的手账上。5 月以后也一样，参考去年的手账，写入今年的计划。

如此一来就能从 C“反思”开始“PDCA 循环”。

反思去年的手账，回想当时的情况，早早地开始考虑“今年怎么做”。

“去年春天的球技大赛好有意思啊。今年也早早地定下队员，如果多加练习，也许能得冠军。”

“去年第一场考试是裸考，惨不忍睹。今年早早地制订学习计划吧。”

就像每周日反思过去的一周一样，春季开学可以回顾过去的一整年。

反思
改良
计划
执行
80

5 尽早做准备

“即便不写手账，快到活动日期的时候自然也能知道，没必要提前在春季开学写吧。”

也许会有人这样想，但是请稍微思考一下，在春季开学就事先预想过未来 1 年何时会举办什么活动的人，和没有如此做的人，二者相比哪一个能对活动早早地做准备呢？哪一个能得到更好的结果呢？

写在手账上必定要用脑，因为不思考就写不出来。

思考后再书写，内容就会被输入大脑中。也许还是会忘记，但如果写在手账上，看见的时候也能立马想起来。

“嗯？下个月有什么重大的活动？对了，是……”

而且，大致确认 1 年的计划也能让自己有更长远的视角。

“今年从秋天开始会很忙，能提前做的事情最好在夏天做完。”

一点点意识的不同就能让我们早做准备，最后引起结果的差异。

好了！离考试还有1个月！
糟了！下周就考了！

6 年度计划的制订方法

制订1年的长期计划的诀窍是粗略制订。

有时制订得过于细致，过了1个月情况可能会大大改变，特意辛苦制订的计划就会全部化为乌有。

按照计划如期执行非常不容易，尤其是详细制订的计划，无法如期执行反而更常见。

所以，参考去年学校发布的年度活动，把计划写在今年的手账上，已经算是充分制订了。

有的月份一整个月没有任何活动，就可以思考在该月份有没有想做的事情，提前写上去。

如果想制订正式一点的年度计划，可以列出今年4月（日本中小学每年的第一个学期一般4月份开学。——译者注）到明年3月各月的目标。比如学习计划：4月份强化英语，5月份强化数学。定好学习时间的目标值，每月一点点增加也是个不错的方法。

重要的是制订出来的计划不要勉强自己，不要忘记“粗略制订”的原则。

1 年的目标书写示例

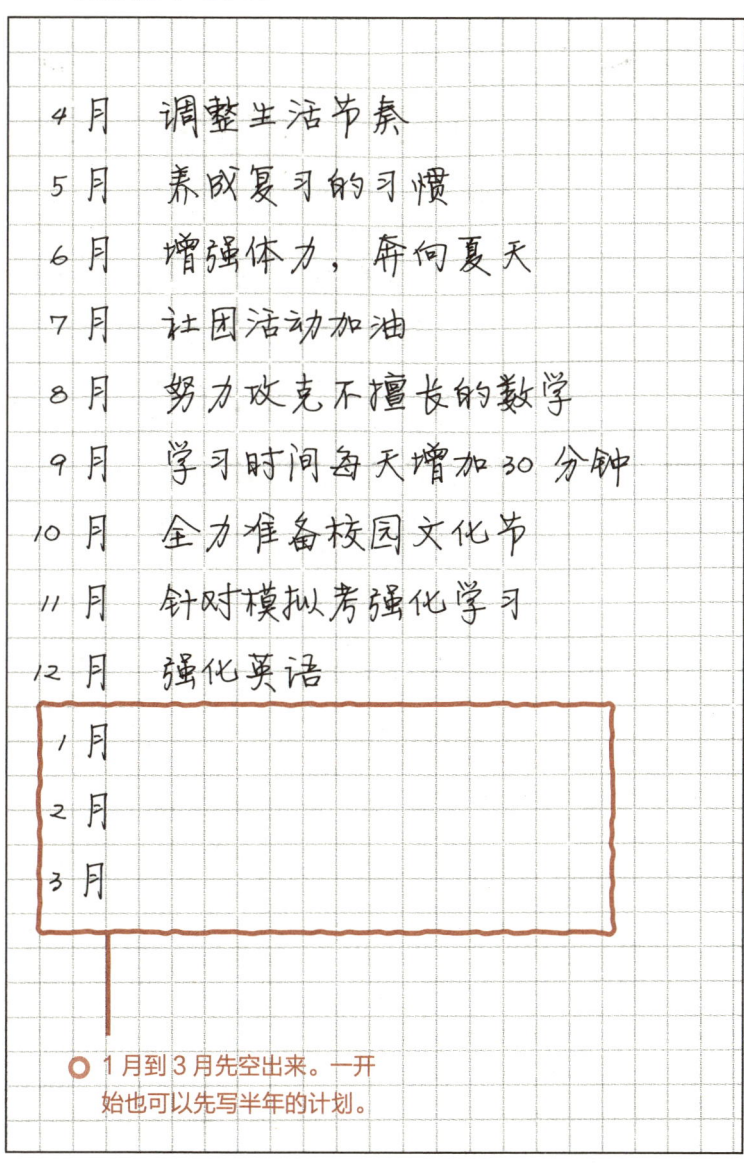

4 月　调整生活节奏

5 月　养成复习的习惯

6 月　增强体力，奔向夏天

7 月　社团活动加油

8 月　努力攻克不擅长的数学

9 月　学习时间每天增加 30 分钟

10 月　全力准备校园文化节

11 月　针对模拟考强化学习

12 月　强化英语

1 月

2 月

3 月

1 月到 3 月先空出来。一开始也可以先写半年的计划。

7 本月目标的书写方法

没有写过各月目标的人，可以试着在每月 1 日写写“本月的目标”。

什么样的目标都可以。学习也好，社团活动也好，像“调整生活节奏”“增强体力，奔向夏天”之类的与生活、健康相关的内容也很有趣。

除了日程栏，许多手账也带有书写月度计划的地方。有的是 2 页 1 个月，有的是 1 页 1 个月，有的是 1 页 2 个月，可以在月度栏的空白处写下“本月目标”。

如果手账上没有月度栏，可以写在每月 1 日的日程空白处，尽量写在上面，这样更容易被看见。

可以用稍粗的笔写得大大的。

本月目标的书写示例

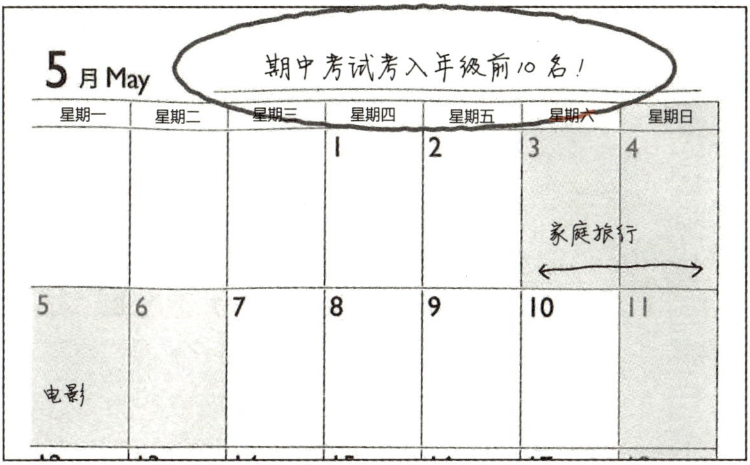
5月 May
期中考试考入年级前10名！
星期一
星期二
星期三
星期四
星期五
星期六
星期日
1
2
3
4
家庭旅行
5
6
7
8
9
10
11
电影

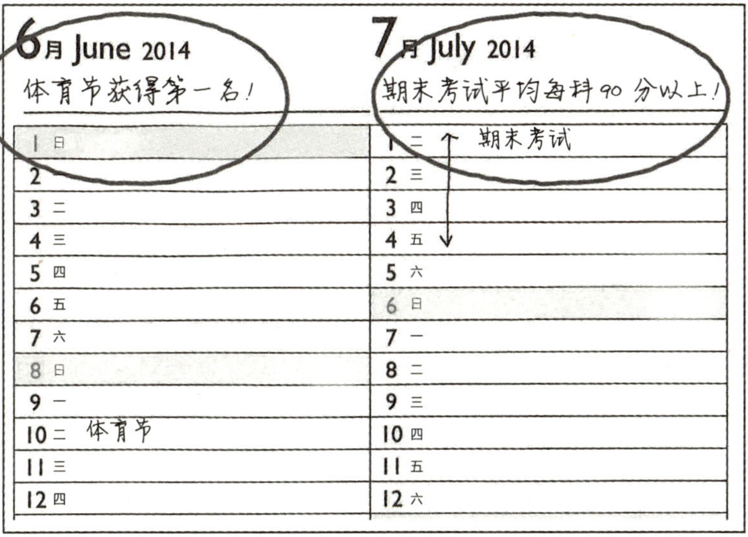
6月 June 2014
体育节获得第一名！
1 日
2 一
3 二
4 三
5 四
6 五
7 六
8 日
9 一
10 二 体育节
11 三
12 四
7月 July 2014
期末考试平均每科90分以上！
1 二 期末考试
2 三
3 四
4 五
5 六
6 日
7 一
8 二
9 三
10 四
11 五
12 六

如果没有书写目标的空白栏，可以写在每月 1 日日程栏的上方。

8 重要计划也写在月度栏

手账上有月度栏的同学请有效利用这一页吧。

下一页是 30 天纵向排列的月度栏的书写示例，以及像日历一样的月度栏的书写示例。

月度栏的优点在于可以快速看见当月的重要计划。

日程栏一般是 2 页一周，所以为了看见下周、下下周的计划就必须翻页。

而且想了解下月、下下月的大体计划时，必须翻看许多页，反而不方便。

因此，月度栏尽量只写重要的计划。例如，考试时间、社团比赛、开学典礼、毕业典礼、体育节、文化节、旅行、亲戚的结婚典礼等。

重要的计划不要只写在每日的日程栏里，也要写在月度栏里，向大脑输入两次就难以忘记了。然后，对重要的计划的意识也会相应提升。

月度栏的使用方法

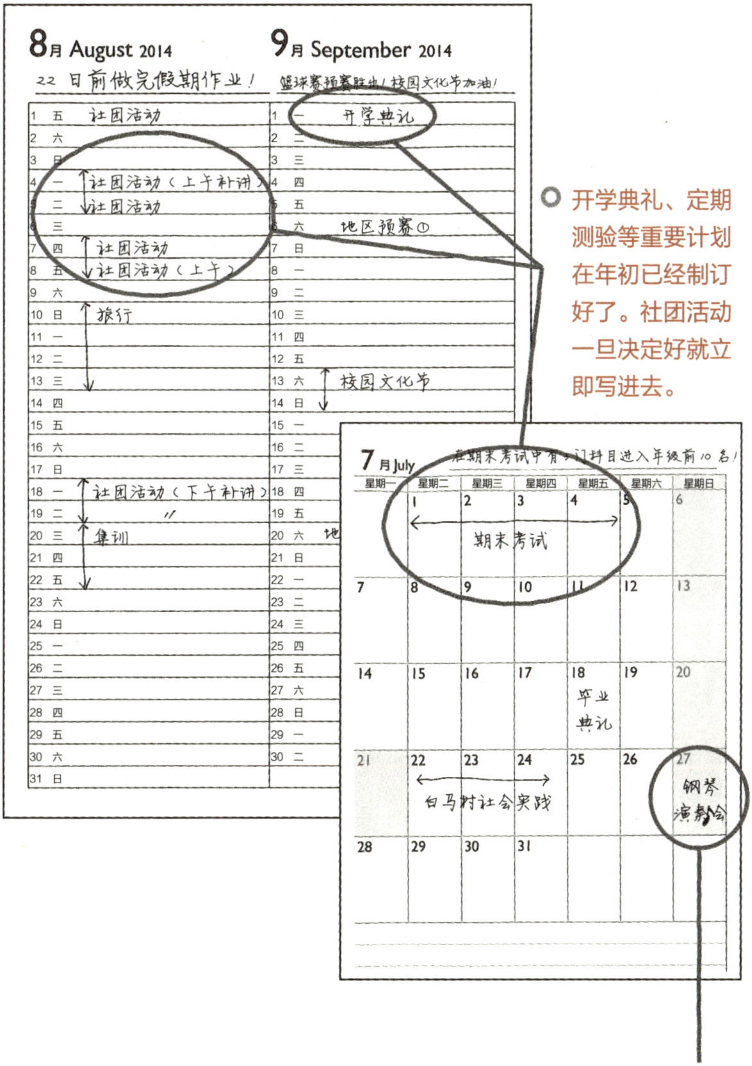
8月 August 2014
22日前做完假期作业！
社团活动
社团活动（上午补讲）
社团活动
社团活动
社团活动（上午）
旅行
社团活动（下午补讲）
集训
9月 September 2014
开学典礼
地区预赛①
校园文化节
7月 July
期末考试
毕业典礼
白马村社会实践
钢琴演奏会

开学典礼、定期测验等重要计划在年初已经制订好了。社团活动一旦决定好就立即写进去。

学校活动以外的计划也事先写在手账上。

9

月计划的制订方法

此处说的“月计划”不是4月计划、5月计划那种每月计划，而是考前1个月的复习计划、暑假计划等时长约为1个月的专项计划。

制订这种时间稍长的计划时，先来制作“事项清单”吧。

如果考试科目有 7 门，制作事项清单时，要使得 7 门科目的考试范围都能过一遍。例如，英语考试范围是课本前 50 页。如果复习 5 页需要 1 小时，复习 50 页则需要 10 小时，那么英语的“事项清单”就是“50 页 10 小时”。

同样，算一算其他科目复习起来需要多长时间。此处假设复习 7 科需要 70 小时。

然后，思考一下到考试之前能复习多长时间。

如果能复习 30 天，每天复习 2 小时，就能复习 60 小时。但是，如果认真看手账日程栏，我们会发现，似乎有 3~5 天不能复习。

考试复习计划的制订方法

① 通过各科目的考试范围计算复习所需时间

语文……12 小时
数学……12 小时
英语……10 小时
理科……8 小时
社会……8 小时

② 看手账，确认能复习的天数

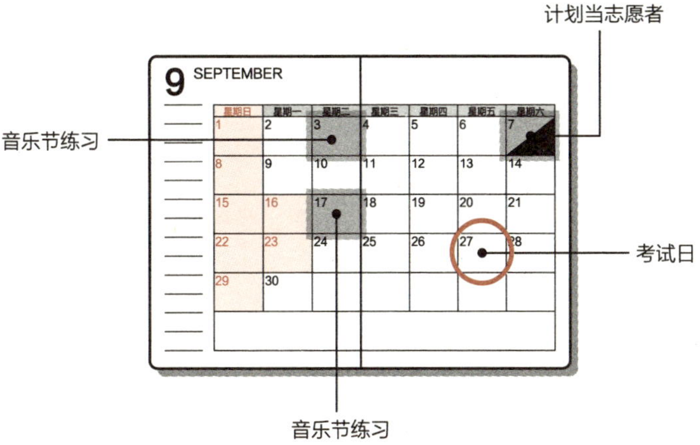
计划当志愿者
9 SEPTEMBER
星期日
星期一
星期二
星期三
星期四
星期五
星期六
音乐节练习
考试日
音乐节练习

30 天 -3 天 =27 天
不过，保守一点算，似乎有 5 天左右不能复习……

③ 预估可执行的计划，具体地写在手账上

- 即便在手账上写了适当的计划，也容易无法执行。
- 为了避免计划时间太紧凑，事先预留一些富余时间。

粗算下来，有 5 天不能复习，那么还剩余 25 天。每天复习 2 小时，只能复习 50 小时。但是过一遍考试范围就需要 70 小时，而且临考前还想再复习一次。

考前3天是临考复习时间，25天-3天=22天。如果每天复习3小时，是66小时，还差4小时。如果周六日的复习时间增加1小时，似乎能完成70小时的考试复习计划。

考前 30 天，除去不能复习的 5 天和临考前的 3 天，剩余的 22 天每天需要复习 3 小时，要把这个复习计划具体地写在手账上。

定好周六日的哪一天多学 1 小时后，备考月度计划就完成了。

首先，制作“复习清单”，计算所需时间；然后，思考可用时间有多少；最后，想好“可行计划”后，把从哪一天的几点开始做什么等具体的计划写在手账上。

暑假计划也一样。作业、夏季讲习、社团活动、旅行等都可以制作“事项清单”，从优先顺序靠前的事项开始，在手账上具体地写入计划。

关于优先顺序的排序方法，请参考本书第一章的相关说明。

考前一周复习计划书写示例

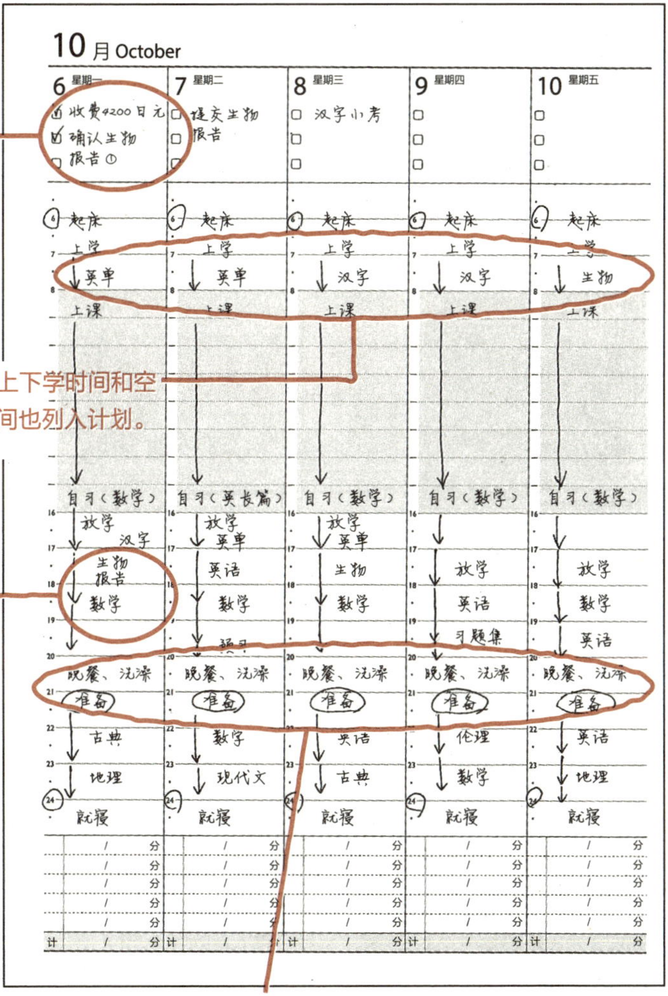
10月 October
6 星期一
收费4200日元
确认生物报告①
7 星期二
提交生物报告
8 星期三
汉字小考
9 星期四
10 星期五
起床
上学
英单
汉字
生物
上课
自习（数学）
自习（英长篇）
放学
英语
数学
习题集
晚餐、洗澡
准备
古典
数学
英语
伦理
地理
现代文
古典
就寝

○ 制订好计划后立即写上去，避免因忙碌而忘记。

○ 要把上下学时间和空隙时间也列入计划。

○ 详细划分时间，也定好科目。

○ 晚餐、洗澡，明天的课堂准备是配套的。

10 本周目标是书写『想做的事情』

在“本年目标”“本月目标”之后也写上“本周目标”吧。

“为什么要写各种各样的目标呢？”

“每周都树立目标好麻烦啊，做不到。”

似乎经常能听到这样的抱怨声。的确，每周都树立目标很麻烦。

但是请放心，本周目标轻松地想一想即可，可以写“本周想做的事情”。

可以是“看完看到一半的书”，也可以是“早上 6 点半起床”。

特别是在最初的时候，可以写下“可行目标”，然后一个一个地不断完成。

如果你的手账里面有书写本周目标的空白栏，请写在相应位置。如果没有，可以写在每天日程的上方或者左右空白处、记录栏等地方。

写好本周目标后，就来制订实现目标的每日计划吧。

写下目标，努力完成；写下目标，努力完成。如此反复，充实地度过每一天。

本周目标的书写示例

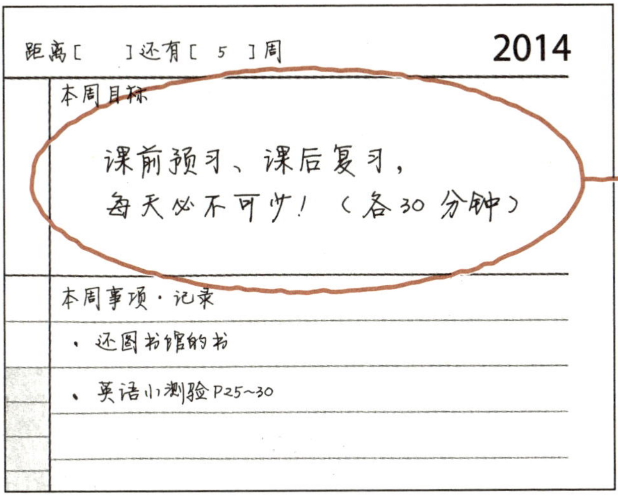
距离[ ]还有[5]周
2014
本周目标
课前预习、课后复习，
每天必不可少！（各30分钟）
本周事项·记录
·还图书馆的书
·英语小测验P25~30

容易执行的、“想做的”！

思考对于这个目标，本周要制订什么样的计划。

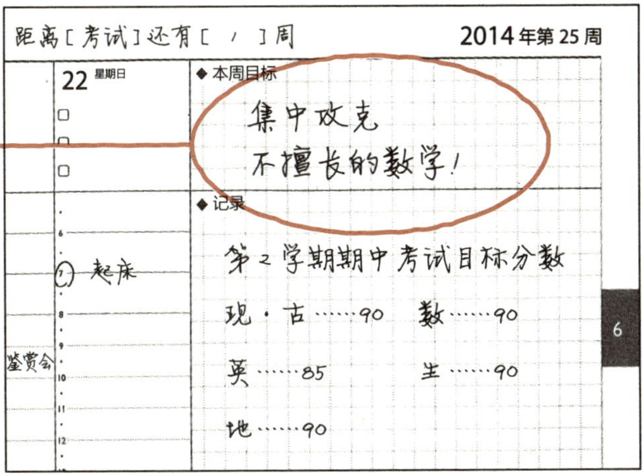
距离[考试]还有[1]周
2014年第25周
22 星期日
◆本周目标
集中攻克
不擅长的数学！
◆记录
第2学期期中考试目标分数
现·古……90 数……90
英……85 生……90
地……90
起床
鉴赏会
6

11 每日计划的书写方法

学校活动、课程安排、社团活动、和朋友的约会、课外班等，把已经定好的计划先写在手账上。

“看课程表就知道是什么课，没必要写在手账上。”这么想的同学可以只写上会换教室的体育、音乐课，这样上课应该就不会迟到了。

也可以只写有考试的课、有作业的课。这样看手账就能立马知道，这个课和其他课不同，是特别的课。

把已经制订好的计划全部写好后，接下来可以写自己想做的事和必须做的事。

在想看的电视节目的播放时间写上“看电视”，再把“游戏”“漫画”“看书”等想做的事写在对应的时间上。

学习时间也计划一下吧。老师布置完作业后，就计划好从哪一天的几点开始做。

还有预习、复习时间。可以根据明天、后天的课程表制订学习计划，规划好何时学习哪个科目、学多长时间。

■ 每天的日程栏书写示例

○可以只写有小测验的科目和需要换教室的科目。

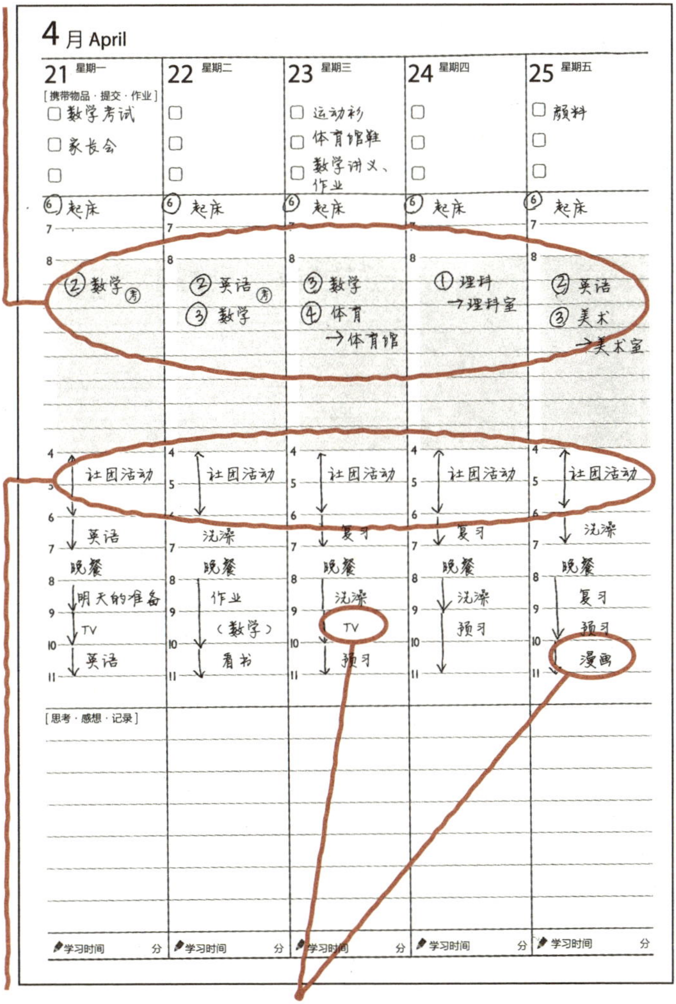
4月 April
21 星期一
22 星期二
23 星期三
24 星期四
25 星期五
[携带物品·提交·作业]
数学考试
家长会
运动衫
体育馆鞋
数学讲义、作业
颜料
⑥起床
②数学 考
②英语 考
③数学
③数学
④体育
→体育馆
①理科
→理科室
②英语
③美术
→美术室
社团活动
英语
洗澡
复习
晚餐
明天的准备
TV
作业
（数学）
看书
预习
漫画
[思考·感想·记录]
学习时间 分

○写上每天定好的社团活动。

○除了学习，也写上休闲安排。

12 书写计划的四个基本原则

① 简洁易懂

手账上的书写空间有限，在有限的空间里只需写上名词、数字即可，令人一看就能知道。

② 使用符号、缩略词

长的名词要缩短、省略，经常使用的名词可以变成符号。自己明白即可，所以可以自由省略，把词句符号化。

③ 重要计划要改变颜色

开动脑筋，把作业、学习报告提交的截止日期等重要的计划用不同颜色的笔书写，以引起注意，也可以加上下划线、波浪线。

④ 不确定的计划用铅笔书写

可以事先用铅笔书写尚未确定的计划、有可能更改的计划。一个好处是计划改期了也能擦除，另一个好处是看到铅笔书写的某个计划也能给自己施加压力："必须尽快确定下来。"

每日计划的书写示例

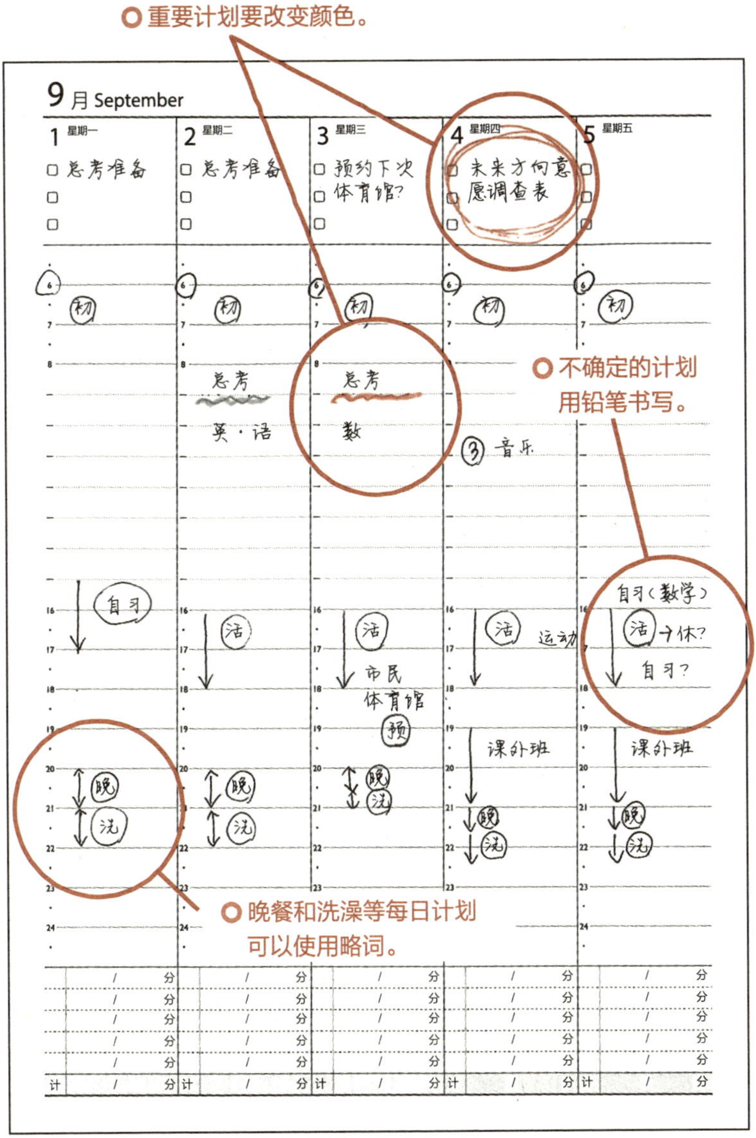
重要计划要改变颜色。
不确定的计划用铅笔书写。
晚餐和洗澡等每日计划可以使用略词。
9月 September
1 星期一
2 星期二
3 星期三
4 星期四
5 星期五
总考准备
总考准备
预约下次体育馆?
未来方向意愿调查表
总考
英·语
总考
数
③ 音乐
自习
活
活
运动
市民体育馆
预
自习(数学)
活→休?
自习?
课外班
课外班
晚
洗

13 制订计划的四个诀窍

“制订计划”的英语是“scheduling”，它有 4 个诀窍。

① 以 30 分钟为单位

以 5 分钟、10 分钟为单位制订计划，一般无法执行。15 分钟能完成的事情，要计划 30 分钟，45 分钟能完成的事情，要计划 1 小时。可以以 30 分钟为单位制订计划，事项与事项之间留出空隙。

② 考虑自己的专注力

制订学习计划时，试着考虑自己的专注力能坚持多久。制订连续学习 2 小时、3 小时的计划很简单，但真正实行起来相当难。

③ 计划空隙时间

计划和计划之间要特意留出 30 分钟的空隙时间。即使一项计划晚开始了 10 分钟，到下一个计划也还有 20 分钟的空隙时间，以后的计划也能顺利执行。

④ 预留变化的空间

计划赶不上变化。没有变化的计划是不存在的。事先留出变化的余地，制订比较宽松的计划，这样完成的概率会更高。

■ 制订计划的 4 个诀窍

① 以 30 分钟为单位

30 分钟
30 分钟
30 分钟

② 考虑自己的专注力

③ 计划空隙时间

计划
30 分钟
计划

④ 预留变化的空间

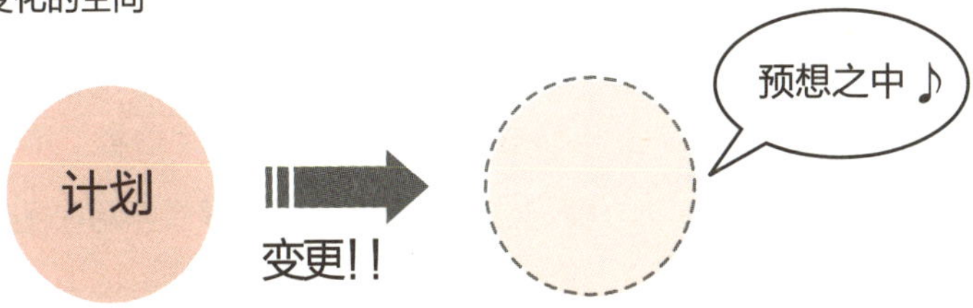
计划
变更！！
预想之中♪

14 一个帮你记得更牢的复习计划

既然难得制订了学习计划，你难道不想制订一个高质量的计划吗？

东京大学教授池谷裕二老师是2012年12月举办的“第1届手账联赛”的特邀裁判员，我们以他的著作《打造备考脑》为参考，介绍几个制订学习计划时能够发挥作用的脑科学知识。

预习和复习，以复习为重。据池谷教授说，预习、上课、复习的适合比例是1∶1∶4。

可以这样制订计划：上课的次日进行第1次复习，一周后进行第2次复习，两周后进行第3次复习，接着在一个月后进行第4次复习，这样就能把知识牢固地记在大脑里。

按照这个标准制订计划看似很难，但只要记住“复习是预习、课堂学习时间的4倍”这一点就行。

池谷式复习计划

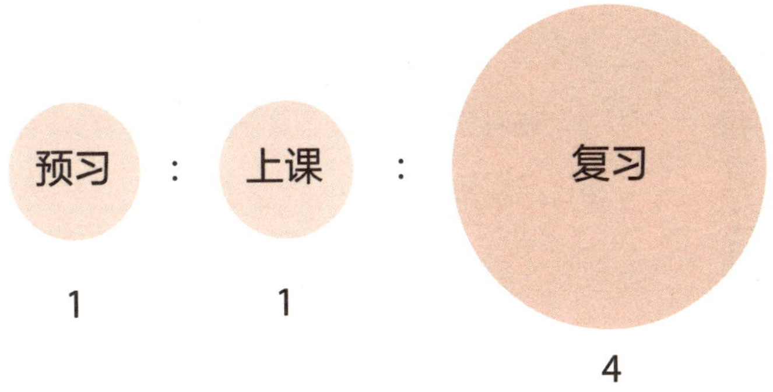

预习
:
上课
:
复习
1
1
4

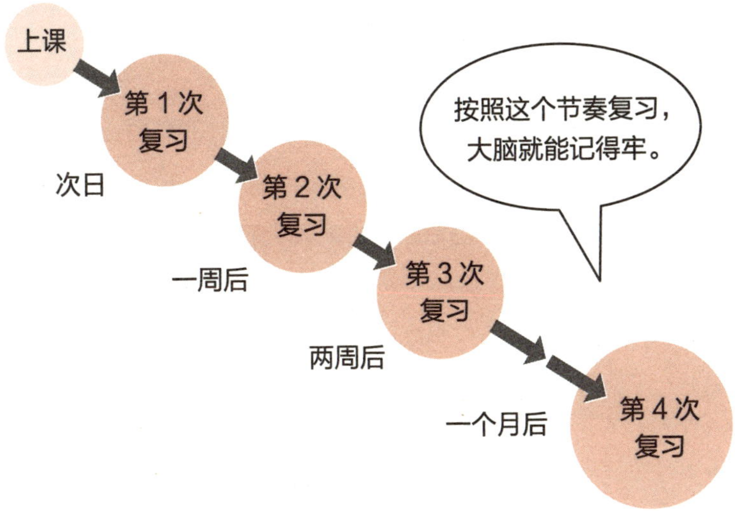

上课
第 1 次
复习
次日
第 2 次
复习
一周后
第 3 次
复习
两周后
第 4 次
复习
一个月后
按照这个节奏复习，
大脑就能记得牢。

15 睡前是背诵的黄金时间

除了制订重视复习的学习计划外，通过脑科学的研究我们还得知，睡前是背诵的黄金时间。

在我们睡觉的时候，大脑仍在活动，它在进行整理，以便我们把记住的知识应用于下次。所以，英语单词、汉字、历史等，都可以制订睡前 1~2 小时的背诵计划。

不过，一次性记大量的东西，大脑不可能全部记住，速记也会速忘。反过来，一点点、牢固地记住的事情反而难以忘记。

为了记得更牢，每天学习一点更为有效。

把每晚睡前 1 小时用来背诵学习，到了睡觉时间就睡，培养规律的作息习惯。

另外，午睡也会巩固记忆，所以午睡前也来进行背诵学习吧。

睡前用来背诵的日程示例

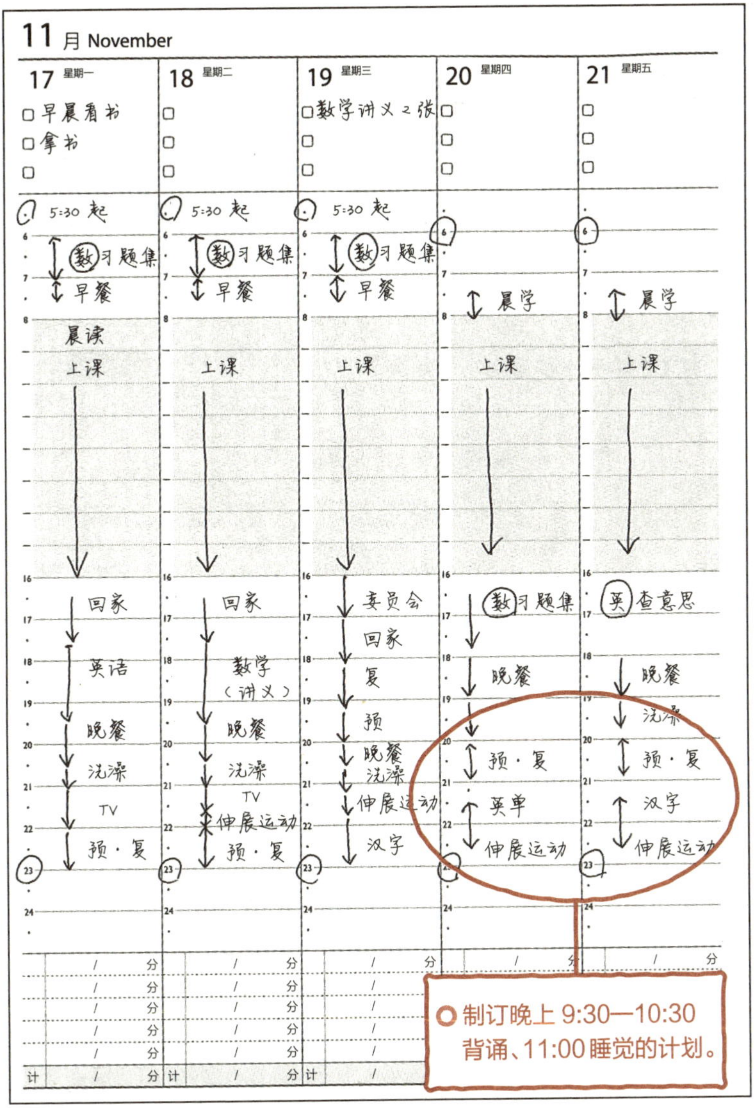
11 月 November
17 星期一
早晨看书
拿书
5:30 起
数习题集
早餐
晨读
上课
回家
英语
晚餐
洗澡
TV
预·复
18 星期二
5:30 起
数习题集
早餐
上课
回家
数学（讲义）
晚餐
洗澡
TV
伸展运动
预·复
19 星期三
数学讲义2张
5:30 起
数习题集
早餐
上课
委员会
回家
复
预
晚餐
洗澡
伸展运动
汉字
20 星期四
晨学
上课
数习题集
晚餐
预·复
英单
伸展运动
21 星期五
晨学
上课
英查意思
晚餐
洗澡
预·复
汉字
伸展运动
计
分

制订晚上9:30—10:30背诵、11:00睡觉的计划。

16 饭前学习、饭后玩

睡眠期间，大脑会整理我们的记忆。也就是说，如果睡眠时间短，大脑整理的时间就会变短，所以学到深夜反而会有负面效果。

即便实际生活中必须学习到深夜，但至少制订学习计划的时候，不要计划到深夜。

而且，学习不只是拼时长。学的时间再长，如果做事拖拉，学习质量就会变低，掌握的知识也会变少。

同样的学习时长，我们自然想深度学习。

例如，通过脑科学可以得知，比起饱腹时学习，空腹时学习更高效。

学习计划尽量不要安排在午餐或者晚餐后，最好是在餐前。饭后就悠闲地看电视、打游戏吧。

也可以制订清晨起床后、早餐前的短暂学习计划。早晨不适合背诵，可以用来学习理数等需要逻辑思考的科目，或者复习前一天的知识、做习题集。

■ 制订饭前学习计划的书写示例

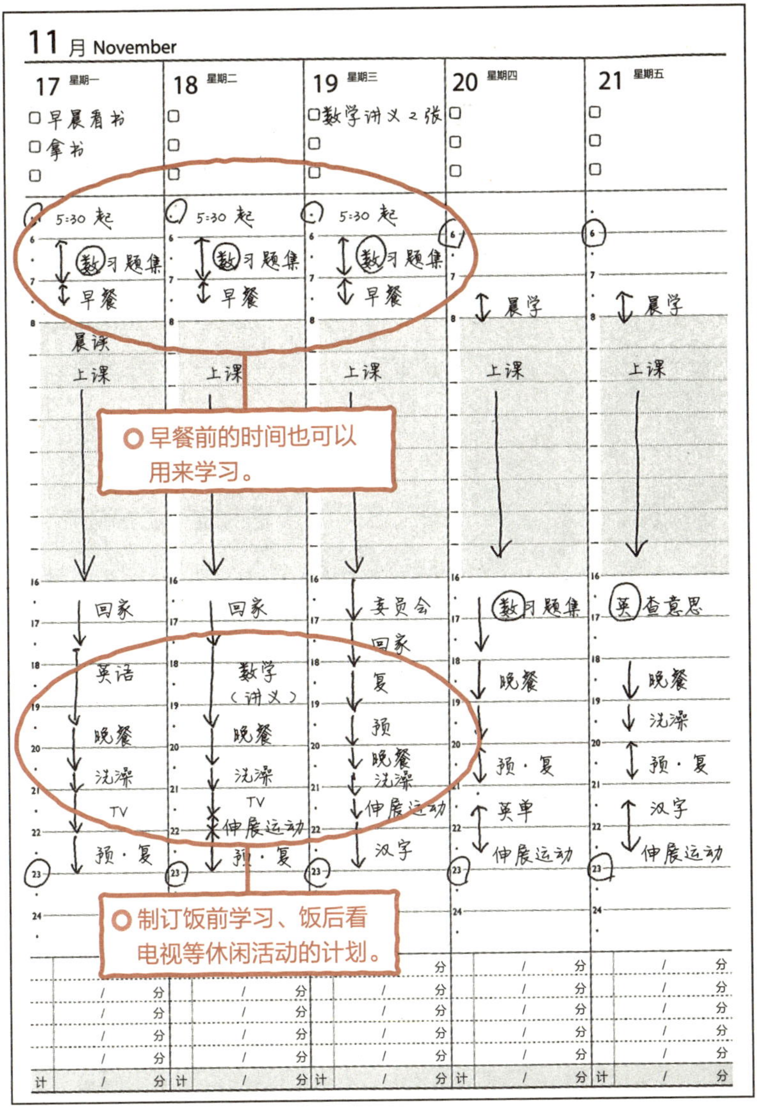
11月 November
17 星期一
18 星期二
19 星期三
20 星期四
21 星期五
早餐前的时间也可以用来学习。
制订饭前学习、饭后看电视等休闲活动的计划。

17

从优势科目入手更容易集中注意力

常言道："学习，只要能开始，就相当于结束了一半。"万事开头难，如果在开始时能够看见提高积极性的话语，那么我们就能潜心进入学习状态。

看一看亲手写在手账上的目标，或者此前写的反省要点，然后再去学习，也是一个好方法。

从自己喜欢的科目或者拿手科目开始学习，情绪更容易高涨，注意力也更容易集中。把不太喜欢的科目、不擅长的科目放在后面学习，如此计划，即便是不擅长的科目也能顺利开始。

每个人都有不擅长的科目。重要的是尽早知道自己的弱项。

越是弱项，就越要踏踏实实地、慢慢地、一点点地克服。急躁是大忌。制订一个循序渐进的学习计划吧。

即便是拿手科目，突然看难懂的参考书、解答高难度的习题集，也会产生反效果。一点点提高难度才能更快地掌握。

第3章

专为中学生打造的手账术：『执行』篇

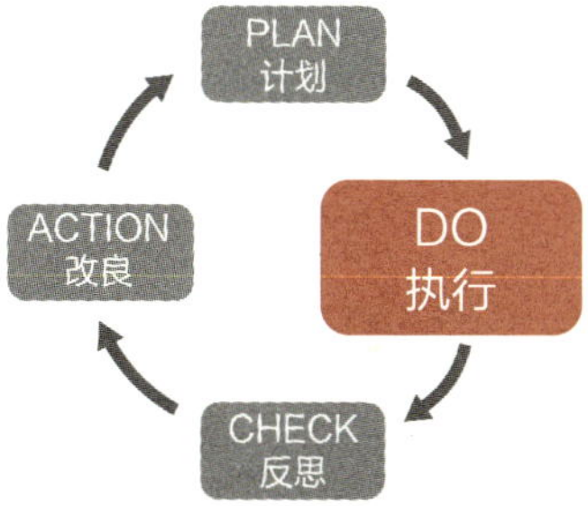
PLAN
计划
DO
执行
CHECK
反思
ACTION
改良

1 在家一定要打开一次手账

一提到在手账上“写下目标吧”“制订计划吧”，有的同学会感觉“好像很难啊”。

也不必勉强自己，毕竟万事开头难。

觉得特别困难时，首先写下自己做过的事情吧。

不是做之前写下“计划”“安排”，而是在完成后把实际做过的事情写在手账上。书写方法请模仿下一页的书写示例。

在家看明天的课程表准备课本、笔记本时，可以翻开手账，简略地把昨天和今天做过的事写在手账上。

在起床和就寝时间上画“○”，写下上过的课程科目，还有玩乐时间、学习时间，都玩了什么，学了哪门科目，可以用符号或者缩略词书写。

仅需做到这些就可以了。

不是在为明天做准备的时间翻开手账也可以，睡觉前也可以，总之一次就可以。在喜欢的时间打开手账，养成把能写的事情写在手账上的习惯。

首先试着写下“做过的事情”

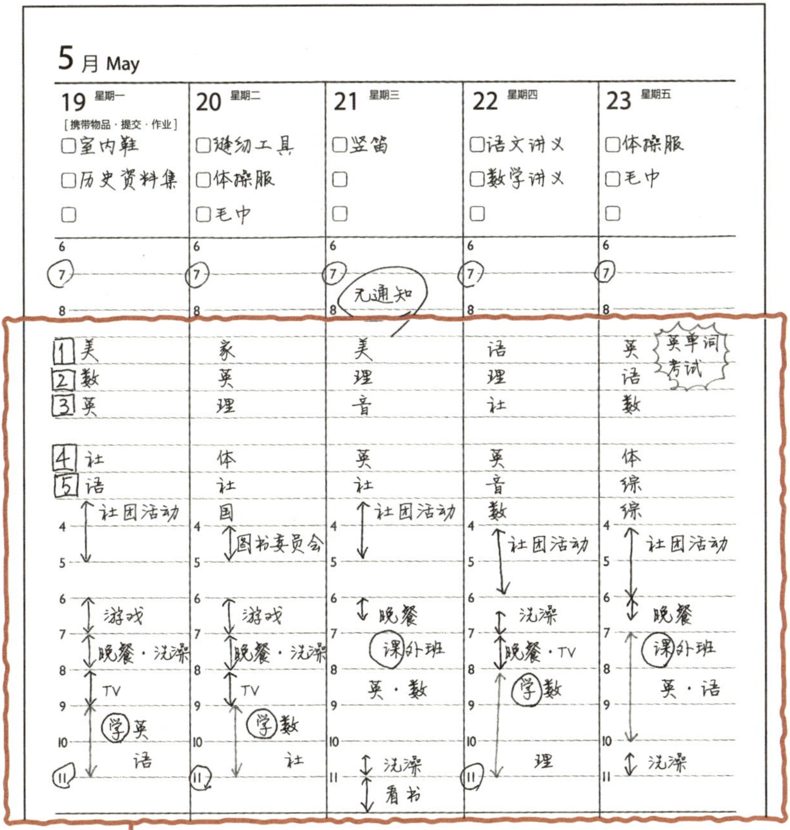
5月 May
19 星期一
[携带物品 · 提交 · 作业]
室内鞋
历史资料集
20 星期二
缝纫工具
体操服
毛巾
21 星期三
竖笛
22 星期四
语文讲义
数学讲义
23 星期五
体操服
毛巾
无通知
1 美
2 数
3 英
4 社
5 语
社团活动
游戏
晚餐 · 洗澡
TV
学 英
语
家
英
理
体
社
国
图书委员会
游戏
晚餐 · 洗澡
TV
学 数
社
美
理
音
英
社
社团活动
晚餐
课外班
英 · 数
洗澡
看书
语
理
社
英
音
数
社团活动
洗澡
晚餐 · TV
学 数
理
英
语
数
体
综
综
英单词考试
社团活动
晚餐
课外班
英 · 语
洗澡

写上课堂内容、
做过的事情等。

2 在早晨的年级大会上使用手账

在家和学校都要用手账。

早晨开年级大会时，首先要翻开手账。当老师提到通知时，就写在手账上。如果明天需要带东西，可以写在明天的空白栏里，不要写在今天。有的手账在时间刻度的日程栏的上方会留有空白，也可以写在那里。如果日程栏上方没有空白，可以写在下方或者左右空白处。

假设老师说下周三之前提交作业，就写在下周三的空白栏里。

如果没有需要特别写在手账上的通知，就在年级大会的对应时间处写上“无”，或者“无通知”，留下证据证明在年级大会时打开过手账。

另外，在早晨的年级大会上，请确认当天的课表、社团活动等当日的计划安排。只是看一眼也能把今日日程输入大脑，自然就能尽早地采取行动。

手账上写有今日计划，就算只看“一眼”，大脑也能对今天的日程有印象。

首先试着写下“做过的事情”

写入要提交的作业和要携带的物品。

在早晨的年级大会上如果没有需要书写的事项，也请写上“无通知”。

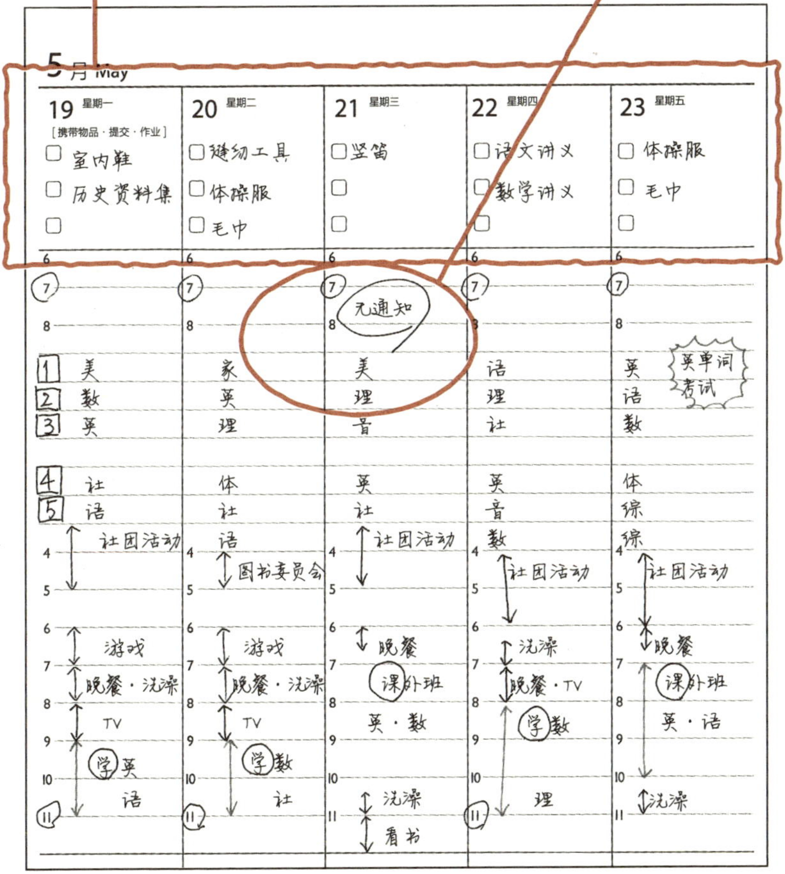
5月 May
19 星期一
[携带物品·提交·作业]
室内鞋
历史资料集
20 星期二
缝纫工具
体操服
毛巾
21 星期三
竖笛
22 星期四
语文讲义
数学讲义
23 星期五
体操服
毛巾
无通知
英单词考试
社团活动
图书委员会
游戏
晚餐·洗澡
TV
晚餐
课外班
英·数
洗澡
看书
晚餐·TV
英·语

看“一眼”今日计划，可以尽早采取行动。

3 在课堂上使用手账

手账在上课时也能派上大用场。

例如老师留作业，或者说要带什么东西，要发提交的资料时，就立即拿出手账并写上相关事项。

如果把这些信息写在各科笔记上，在家忘记看相应科目的笔记，就很有可能忘记。

但如果写在手账上，在家看手账的时候就能想起来，忘记的可能性会大幅度降低。所以重要的是一定要养成在家至少看一次手账的习惯。

所有科目的作业、携带的物品、需要提交的资料报告等都要写在手账上。课堂以外的社团活动、委员会、和朋友的约会、所有重要的信息也都全部写在手账上。这样，一看手账就全部明白了。

如此一来，手账就变身成了你必不可少的“便利工具”。

手账会成为如同自己分身一般的存在。

把信息集中在一个本子上更方便

英语笔记
数学笔记
语文笔记
记事本

分散管理信息很容易就会忘记。全部总结在手账上，不仅方便，还会减少忘记的情况。

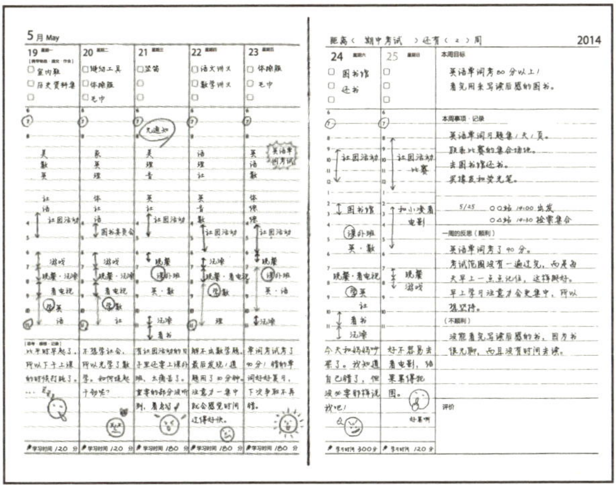
5月 May
2014
本周目标
本周事项 · 记录
一周的反思（顺利）
（不顺利）
评价

4

写出『本周事项』

制订好本周的计划安排后，与此相关的必做事项、准备工作、想做的事情都会自然显现。

例如，周末有社团练习比赛，必须提前调查好要乘坐几点的公交、电车才能赶上集合时间。先写上“查阅电车时刻表”，实际调查后，再写上“○○站 14:00 出发，△△站 14:30 到达集合”等。

和朋友约好购物后，也要事先查好到达目的地的交通工具，想去的商店的营业时间，车站到商店的交通方式等，这样不仅能确保顺利到达想去的商店，也能逛更多的店。

写出具体的购物清单，也能减少忘买东西的情况。

即便日程栏里还没有计划，本周也有一些想做的事情吧。

“想做的事情”“准备工作”“查过的信息”“应做事项”等，都可以写在当周的记录栏里。书写方式请参考下一页。

■ “本周事项”的书写示例

○ 本周计划、待办事项列表、备忘录等，可以自由发挥。

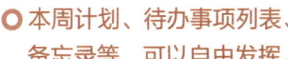

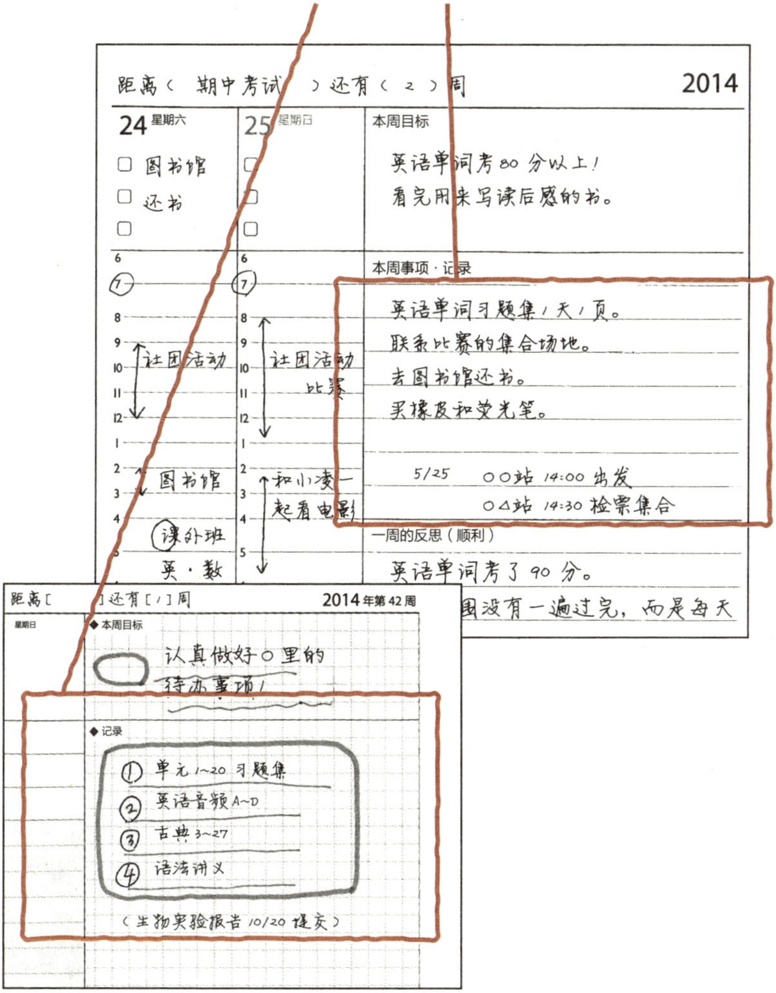
距离（ 期中考试 ）还有（ 2 ）周
2014
24 星期六
图书馆
还书
25 星期日
本周目标
英语单词考80分以上！
看完用来写读后感的书。
6
7
8
9
10
11
12
1
2
3
4
5
社团活动
图书馆
课外班
英·数
社团活动
比赛
和小凌一起看电影
本周事项·记录
英语单词习题集1天1页。
联系比赛的集合场地。
去图书馆还书。
买橡皮和荧光笔。
5/25 ○○站 14:00 出发
○△站 14:30 检票集合
一周的反思（顺利）
英语单词考了90分。
距离[ ]还有[1]周
2014年第42周
星期日
本周目标
认真做好○里的待办事项！
记录
① 单元1~20 习题集
② 英语音频A~D
③ 古典3~27
④ 语法讲义
（生物实验报告 10/20 提交）

5 勾掉已完成的事项，体会成就感

把自己想做的事情、应该做的事情写在记录栏，使之变得明确，能起到督促自己执行的作用。

用线勾掉已完成的事项，这样想做的事情、应该做的事情就会不断减少。这会令人心情十分畅快，可以体会到“自己能够不断地完成各种事情”的成就感。

一个个看过去完成的事项，谁都能做到，或许没什么了不起。但是，大量体验小的成就感，积极性会自然而然地提高。

用线勾掉已完成的事项虽然能够体会成就感，但外观上会显得有些凌乱。不喜欢这种方式的同学可以在想做的事情、应该做的事情前面画方框，完成后在方框里打“√”，同样也能体会到成就感。做过的事情和尚未做的事情也能划分明确。

或者开动脑筋想想其他方法，比如用荧光笔画线，也不会显得凌乱。请一定思考并实践既能体会到成就感，又富有自己特色的手账用法。

记录栏的各种应用示例

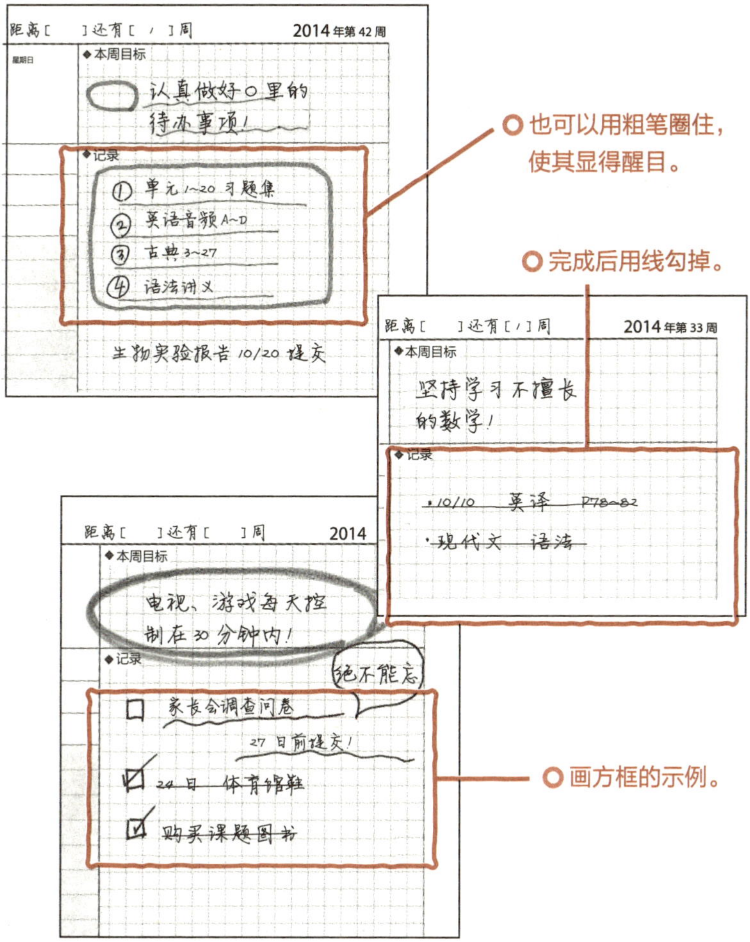
距离[ ]还有[/]周 2014年第42周
星期日
◆本周目标
认真做好○里的待办事项！
◆记录
① 单元1~20习题集
② 英语音频A~D
③ 古典3~27
④ 语法讲义
生物实验报告10/20提交
○也可以用粗笔圈住，使其显得醒目。
○完成后用线勾掉。
距离[ ]还有[/]周 2014年第33周
◆本周目标
坚持学习不擅长的数学！
◆记录
·10/10 英译 P78~82
·现代文 语法
距离[ ]还有[ ]周 2014
◆本周目标
电视、游戏每天控制在30分钟内！
◆记录
绝不能忘
家长会调查问卷
27日前提交！
24日 体育馆鞋
购买课题图书
○画方框的示例。

6 没做完的事情留到下周

即便在手账的记录栏里写上了想做的事情和应该做的事情，但不一定都能完成。此时，比起制订其他计划，应该先在下周的日程栏里写上要完成剩余事项的计划。

如果是不太重要也不紧急的事项，也可以再次写在下周的记录栏里。这样就不会忘记了。

多下一点小功夫，不要对没做完的事情就此置之不理，要认真地写在下周周页的某处，告诫自己必须完成。

同样，有时本周计划好的事项也并不能全部完成。

从未能完成的那一刻起就要尽早将计划移到其他日期，并写在手账上。

前面也提到过，计划必定伴随着变化。变化本身并不是坏事。坏的是不调整，就此置之不理。

下周继续做剩余事项

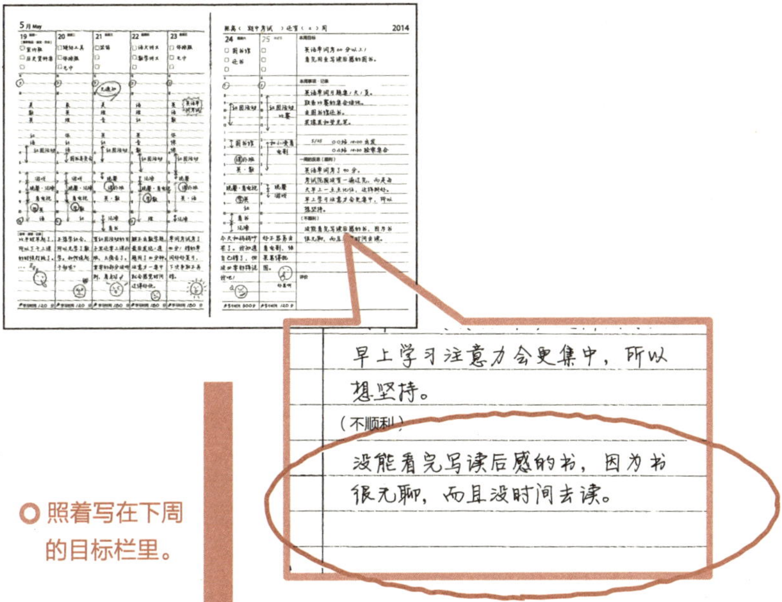
早上学习注意力会更集中，所以想坚持。
（不顺利）
没能看完写读后感的书，因为书很无聊，而且没时间去读。

○ 照着写在下周的目标栏里。

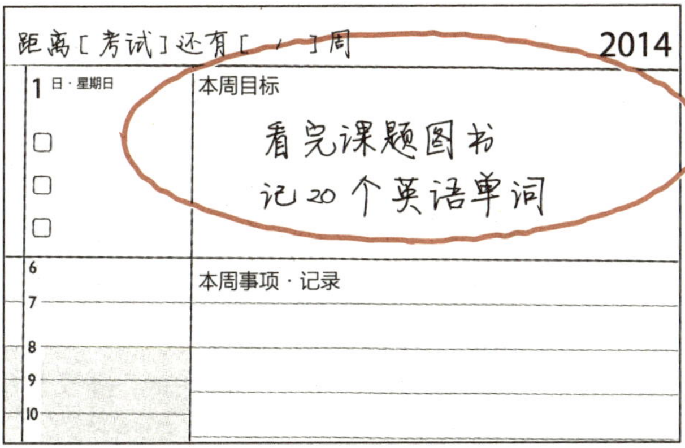
距离[考试]还有[/]周
2014
1 日·星期日
本周目标
看完课题图书
记20个英语单词
6
7
8
9
10
本周事项·记录

7 即使计划变了也不要擦除

计划未能完成、发生了改变时，就要把新计划写到其他日期。有的同学会把未能完成的计划、已变更的计划用橡皮擦除，但这就相当于擦掉了自己宝贵的记录。

“未能完成”也是宝贵的经验和记录。特意保留在手账上，日后反思的时候能够自省，从中获取经验教训，避免下次出现这种情况。

发生改变的计划也一样。可以将变更前的计划继续保留在手账上。当以后看起来的时候，也能立马回想起来为什么计划有变。

所以，未能完成的计划、已变更的计划不要用橡皮擦除，保留在手账上即可。

在已变更的计划上画直线，这样就能知道“这里发生了变更”，也可以加上“㊫”。

已经写在记录栏的想做的事情、应该做的事情即便不能完成，也没必要用橡皮擦除。规定“手账不用橡皮”也是一个好方法。

保留已变更的计划

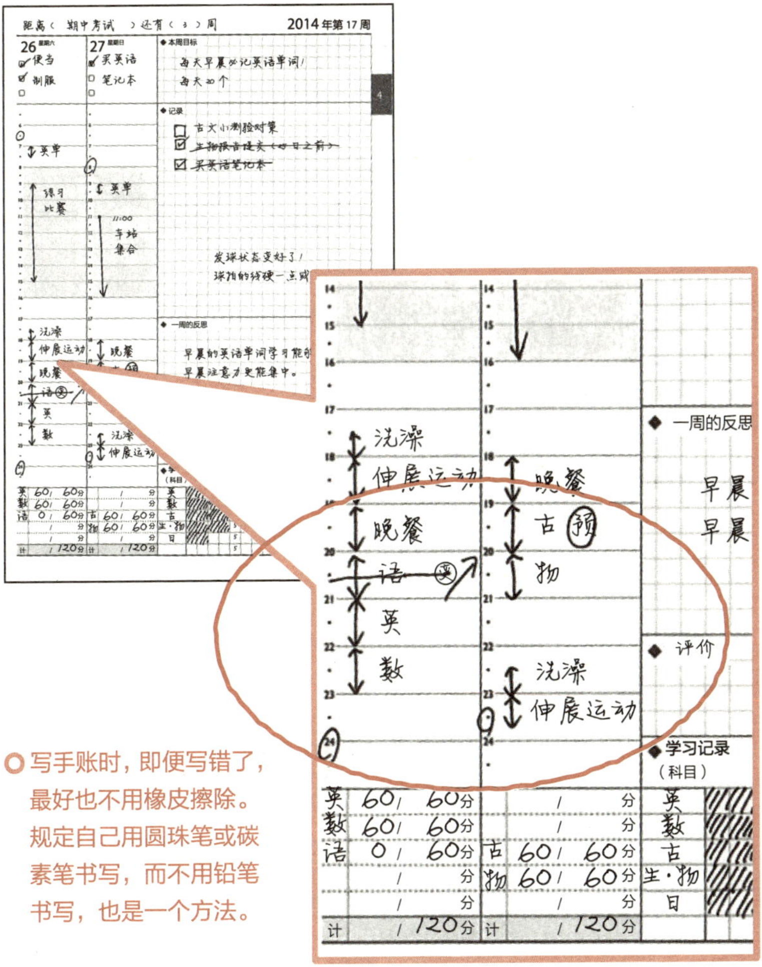
距离（期中考试）还有（3）周
2014年第17周
26 星期六
便当
制服
27 星期日
买英语
笔记本
本周目标
每天早晨必记英语单词！
每天20个
记录
古文小测验对策
生物报告提交（4日之前）
英英语笔记本
英单
练习
比赛
11:00
车站
集合
发球状态变好了！
一周的反思
早晨的英语单词学习能够
早晨注意力更能集中。
洗澡
伸展运动
晚餐
语
英
数
古
预
物
一周的反思
早晨
评价
学习记录
（科目）
英 60/ 60分
数 60/ 60分
语 0/ 60分
古 60/ 60分
物 60/ 60分
生·物
日
计 /120分

写手账时，即便写错了，最好也不用橡皮擦除。规定自己用圆珠笔或碳素笔书写，而不用铅笔书写，也是一个方法。

8 自己制订手账规则

计划发生变更时，可以在上面画直线，也可以写上“㊫”；书写手账时，可以选择自己最容易操作、最喜欢的写法。

自己开动脑筋，制订专属于自己的规则吧。

有的学生喜欢用各种颜色的彩笔分开书写，把手账变得五彩斑斓。

比如，学校里的计划用绿色笔书写，在家学习的计划用红色笔书写，家庭活动、个人私事用蓝色笔书写。有的学生会根据学习科目变换颜色。比如英语是红色，理科是黄色，语文是橙色，社会是绿色，数学是蓝色。

使用多种颜色的书写的同学，可以把自制的规则事先写在手账上，这样就不会忘记了。

也有的学生习惯于将大多数事情都用黑笔书写，有重要事项或者计划发生变更时，以及完成计划打“√”时，才用红笔书写。虽然简单，但十分容易看懂，红色也醒目，可以说是适合所有人的简单易做的好方法。

手账自制规则的示例（分色）

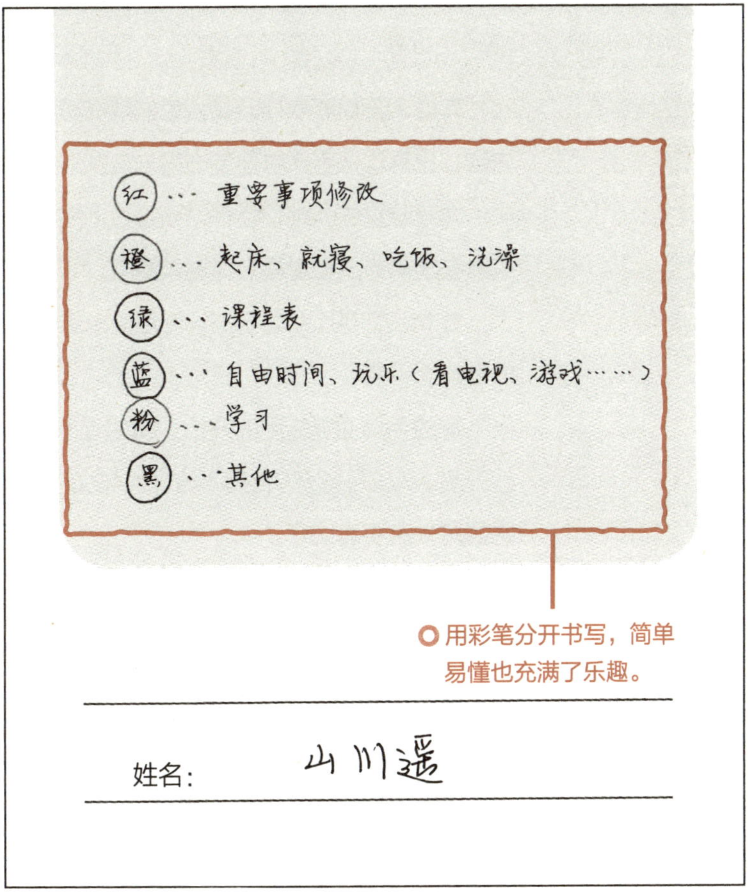

红…重要事项修改
橙…起床、就寝、吃饭、洗澡
绿…课程表
蓝…自由时间、玩乐（看电视、游戏……）
粉…学习
黑…其他
姓名：山川遥

用彩笔分开书写，简单易懂也充满了乐趣。

在手账的封面、备忘录页等地方写上自己制订的手账规则，之后使用起来就十分方便了，也不会显得乱糟糟的。除了分色，还有自制符号、重新翻看手账的时机等，自由发挥想象，思考规则吧。

不过于严苛是长久坚持的秘诀。

9 装饰手账封面

有的人不仅喜欢用五颜六色的笔书写手账内容，也喜欢把手账封面装饰得丰富多彩。

尤其是女生，她们会在封面贴许多贴纸，或者在透明封皮和封面之间夹入插画。

喜欢装饰封面的同学推荐使用简单雅致的白色封面手账。

有的手账是从1月份开始，有的是从4月份开始。以4月份开头的手账适合学生使用，购买时一定要确认好。

手账大小不一。大尺寸的手账书写空间大，但可能携带不方便。推荐初高中生使用 A5 尺寸，或者小一圈的 B6 尺寸。

如果比 B6 还要小，书写空间会十分狭窄，这一点需要注意。

自己挑选手账对于坚持使用手账来说很重要。把手账打造成自己喜欢的样子，制作出富有自己特色的手账，会大大影响着我们坚持使用手账的积极性。开动脑筋，动手装饰你的手账吧，把它变成会被你无限宠爱、每天都想携带的手账。

封面装饰示例

2014

2014
MAKOTO
HOSHI
POSTAGE

使用剪纸画、贴签等身边的素材就能轻松制作出一个原创封面。

SAORI
2014
NOMIYA

使用手账胶带和贴签书写姓名。

2014

先贴上两种手账胶带，再贴上不干胶猫咪贴。

10

自由「画画」，书写「心情」

手账的写法没有限制，十分自由。书写内容也不限。

有的学生偶尔还会在手账的记录栏里画画。

在手账上写什么？如何书写？决定这些的是你自己。想画的时候就大胆地画吧，想涂鸦的时候就畅快地涂鸦吧。

特别是刚使用手账的时候，写什么都行，最重要的是“写”。

但只是认真、整洁地书写，或许有的同学就已经紧张得喘不过气来了。

万事需要“玩心”。如果觉得内容无聊，可以把它想象成可以玩起来的东西。

贴贴纸、盖橡皮章，全是文字的手账也不再显得呆板。

把当时的情绪画成简单的表情画，以后回顾的时候，就能回想起当时的想法，“啊，那时候好失落啊”“太兴奋了”。

喜欢上在手账上书写后，就试着挑战制订目标、计划吧。

■ 画画、书写心情的示例

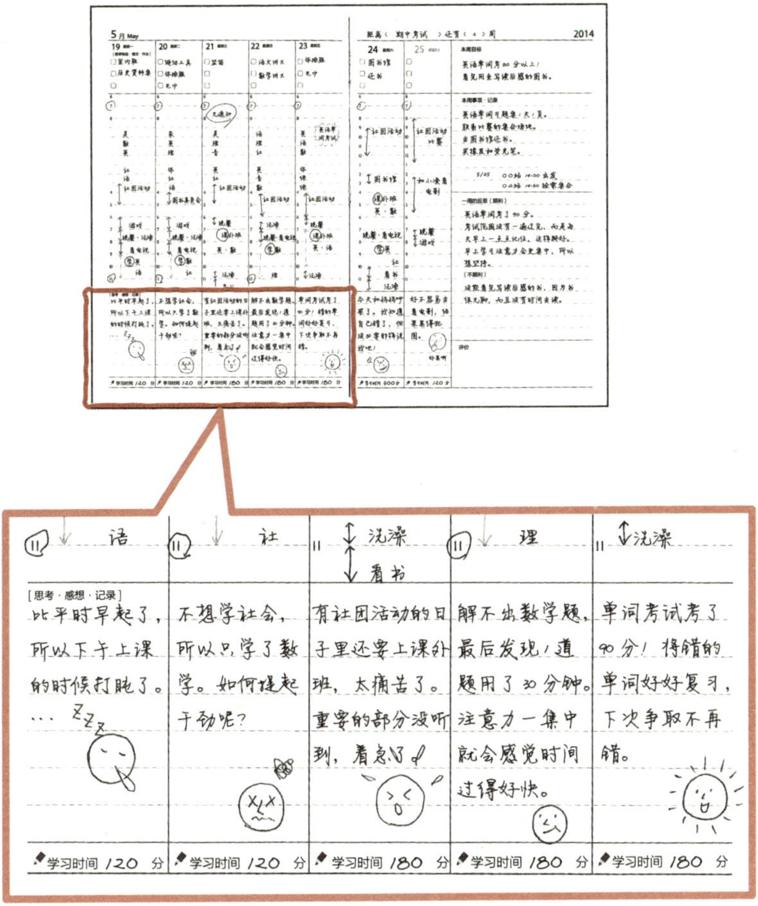
语
社
洗澡
看书
理
洗澡
[思考·感想·记录]
比平时早起了，所以下午上课的时候打盹了。…zzz
不想学社会，所以只学了数学。如何提起干劲呢？
有社团活动的日子里还要上课外班，太痛苦了。重要的部分没听到，着急了
解不出数学题，最后发现1道题用了30分钟。注意力一集中就会感觉时间过得好快。
单词考试考了90分！将错的单词好好复习，下次争取不再错。
学习时间 120 分
学习时间 120 分
学习时间 180 分
学习时间 180 分
学习时间 180 分

用插画表示当天的想法、心情，也可以使用贴纸、橡皮章等。

11 增加翻看手账的次数

和“在手账上写”同样重要的是“翻看手账”。既然特意把目标、计划、已完成的事项都写在了手账上，如果不看，手账的作用就大大减小了。

在手账上书写的次数增加，翻看的次数也会增加，但这还远远不够。除去写的时间，我们一天至少还要看 7 次手账。

在翻看手账时，可以用笔在日程栏上做记号，这是增加翻看手账次数的一个好方法。

如果在早晨年级大会上打开了手账，就可以在相应的时刻画上红圆圈等记号。

如果在第 2 节理科课上打开了手账，也要在对应的时刻做记号。午休翻看手账时做记号，放学时的年级大会上翻看手账时做记号，社团活动的前后翻看手账时做记号，回到家看过手账后也做记号。

每次看手账后都做记号，这样就能知道一天看了几次手账。同样，没看就不做记号，瞬间就能知晓自己翻看手账的次数太少。

翻看手账后做记号的示例

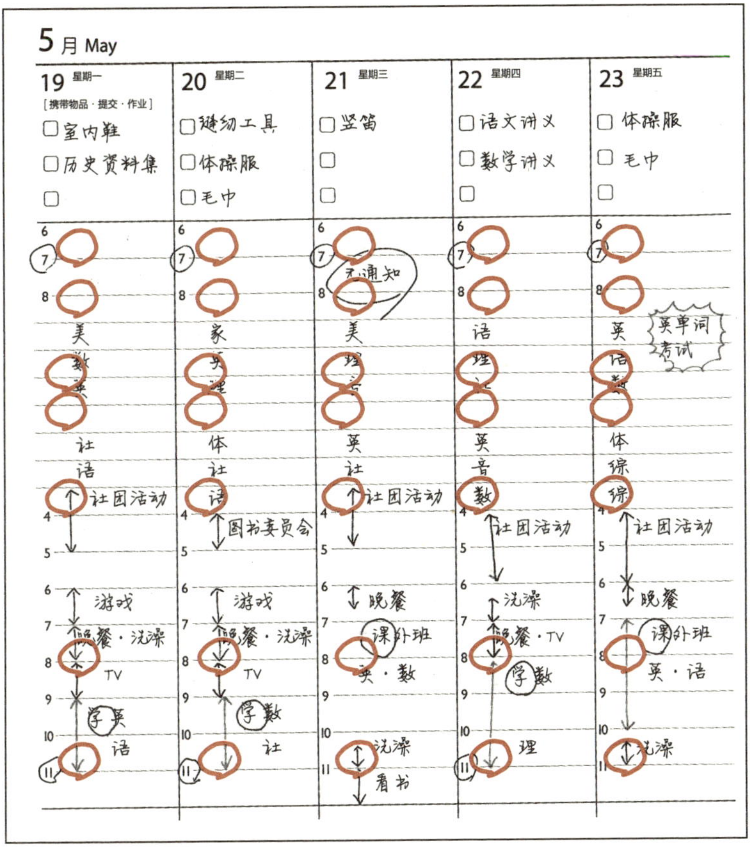
5月 May
19 星期一
[携带物品·提交·作业]
室内鞋
历史资料集
20 星期二
缝纫工具
体操服
毛巾
21 星期三
竖笛
22 星期四
语文讲义
数学讲义
23 星期五
体操服
毛巾
社团活动
图书委员会
游戏
晚餐·洗澡
TV
课外班
英·数
洗澡
看书
英单词考试
英·语

很少看手账的人来规划看手账的时间吧。早晨去上学前，早晨开年级大会时，第 2 节课和第 3 节课之间的课间休息时，午休时，放学前开年级大会时，在家做明日的准备时，睡觉前。这样就有 7 次了！

12 利用倒计时提高执行力

把目标写在手账上，看见后目标意识就会随之提高。目标意识一提高，就会积极地采取行动以达成目标。

事先把“还有 ×× 周”写在手账上，就能意识到距离目标的“时间距离感”。

一开始觉得“还早着呢”的考试、大赛，随着日程渐渐临近，变成“还有 3 周”“还有 2 周”后，紧张感和兴奋感都会逐渐提高。从好的意义上来说，通过给自己一点点施压，执行力会随之提升。

在手账右上方的空白处写上“距离 ×× 还有 ×× 周”，就能产生这样的效果。

也有人不喜欢这种压力。这样的人也无须勉强自己。可以书写令自己期待的快乐计划，比如“距离旅行还有 5 周”“距离暑假还有 3 周”等。

■ 写上“还有××周”，提升干劲

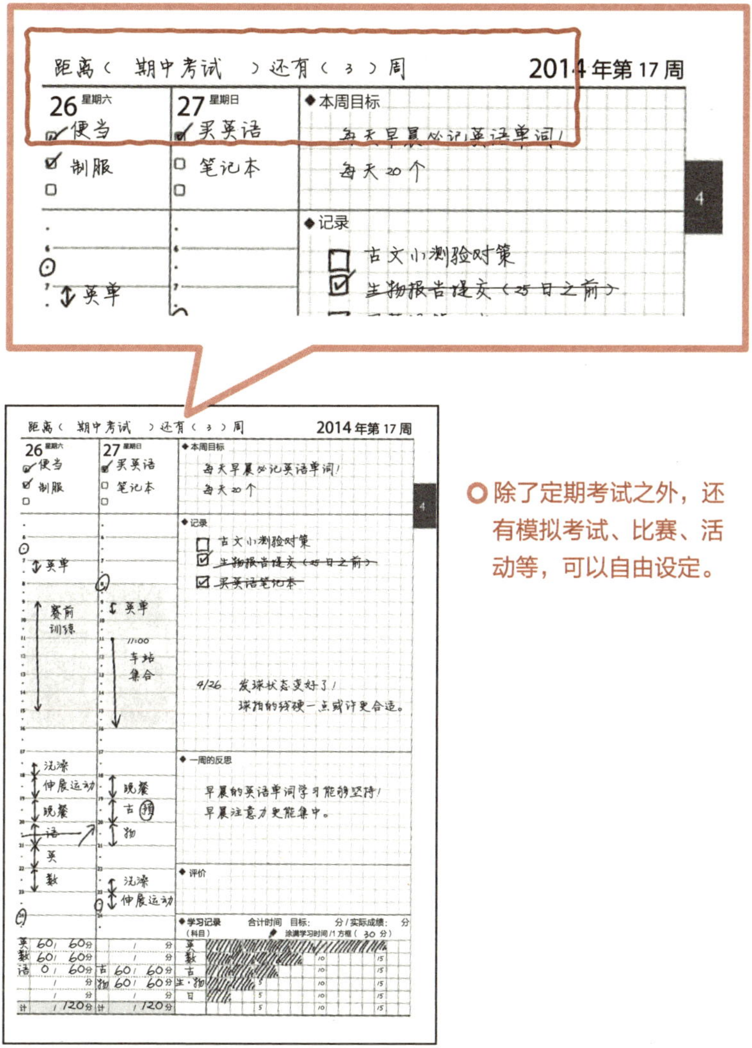
距离（ 期中考试 ）还有（ 3 ）周
2014年第17周
26 星期六
27 星期日
便当
制服
买英语
笔记本
本周目标
每天早晨必记英语单词！
每天20个
记录
古文小测验对策
生物报告提交（25日之前）
买英语笔记本
英单
赛前训练
11:00 车站集合
4/26 发球状态变好了！
球拍的线硬一点或许更合适。
洗澡
伸展运动
晚餐
一周的反思
早晨的英语单词学习能够坚持！
早晨注意力更能集中。
评价
学习记录 合计时间 目标： 分 / 实际成绩： 分
涂满学习时间 /1方框（30分）

○除了定期考试之外，还有模拟考试、比赛、活动等，可以自由设定。

13

备忘录页的三个使用要点

① 备忘录页和记录栏要分开使用

手账的后半部分有方格备忘录页，可以在这里记录班级里各种决定的事项，或者校长的讲话。

与每天的日程相关的记录就写在周页的记录栏里吧。

② 做记录以便“忘记”

我们往往觉得做记录是为了避免“忘记”，实际上也是为了“忘记”。例如，记录在手账上，即便忘记了这件事，看到手账时就能想起来，所以忘记了也没关系。这么一想，心情就会变得轻松，大脑也能留出空间，有余地去思考其他的事情。

③ 要当场记录

“说得不错，等会儿记下来。”如果这么想，这个内容基本上就不会被记录下来。在之后想记时，经常会想不起要记的准确内容。当场做记录是最基本的原则。所以，请随时、随身携带手账吧。

备忘录页的书写示例

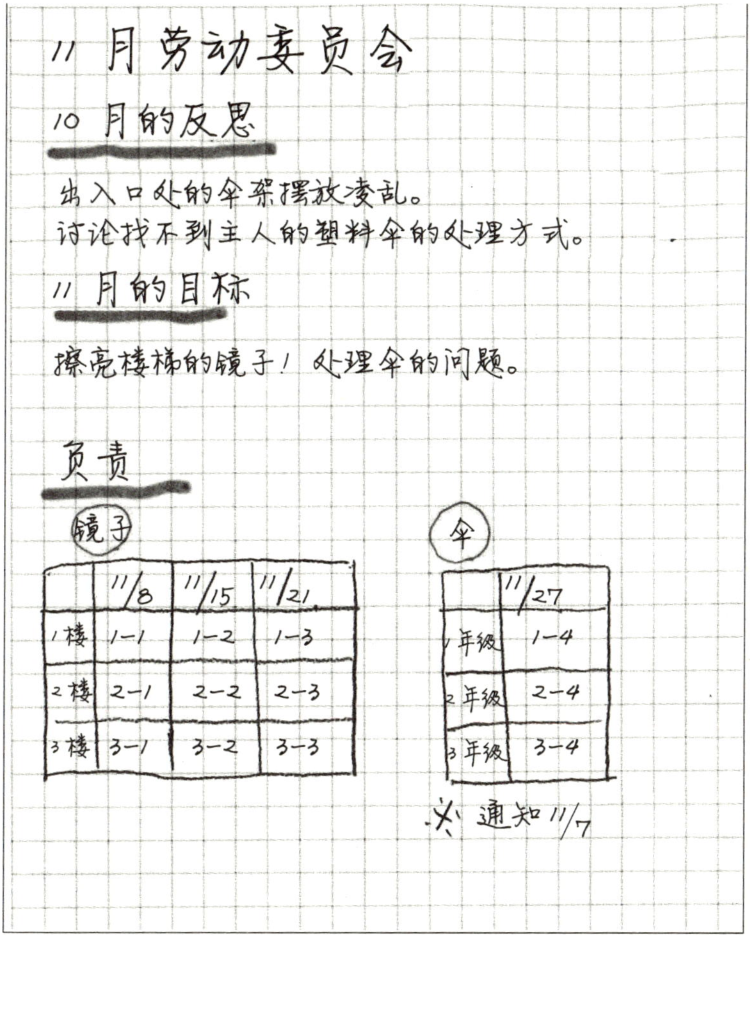

11 月劳动委员会
10 月的反思
出入口处的伞架摆放凌乱。
讨论找不到主人的塑料伞的处理方式。
11 月的目标
擦亮楼梯的镜子！处理伞的问题。
负责
镜子
11/8
11/15
11/21
1楼
1-1
1-2
1-3
2楼
2-1
2-2
2-3
3楼
3-1
3-2
3-3
伞
11/27
1年级
1-4
2年级
2-4
3年级
3-4
※通知 11/7

14 也写上家人的计划

除了自己的事情，也可以把家人的计划写在手账上。

自然不可能把家人的全部计划都写上去，对与自己相关的内容进行简要记录即可。

例如，哥哥弟弟的兴趣班日期，相应的回家时间通常是几点。学校的家长会、自己不去的旅行、购物等。

上初中后，不可能经常和家人在一起。自己有自己的计划，兄弟姐妹也有他们的计划，父母有父母的计划。“妈妈这段时间忙似乎是因为周末要参加聚会”“哥哥回家晚，我先洗澡吧”“偶尔必须照顾妹妹”等等，把这些偶尔写在手账上，也能关心体贴家人。

“周日谁都不在家，似乎能安静地学习。”

知道家人的一些计划，自己的计划也能更容易制订。习惯使用手账后，请一定偶尔试试写入家人的计划。

第4章

专为中学生打造的手账术：『反思和改良』篇

PLAN
计划
DO
执行
CHECK
反思
ACTION
改良

1 如何快速看到计划和现实的不同

明明是自己制订的计划，却总是无法按照计划执行……此时重要的是知道自己的行动习惯。首先写上一周做过的事情，看一看有没有在哪些事情上浪费了时间，或者有没有把时间全部花在了喜欢的事情上。

推荐以“天”为单位进行回顾，更为细致地对比计划的事情和实际完成的事情。

在一天的日程栏的正中间画线，左右分开。

左侧写计划，右侧写完成的事情。左右一分，计划和实际行动之间的差别就会变得明朗。

先思考一下能按照计划执行的原因吧。

“为什么这时候能按照计划进行呢？”“因为时间充足。”“因为是自己想做的事。”“因为情绪好。”可以想出各种理由。

同样，也要思考不能按照计划进行的原因。

“因为时间不够。”“因为开始晚。”“因为是讨厌的科目。”“怎么也提不起干劲。”也能想到各种理由。

■ 计划和实际完成的事情左右分开书写的示例

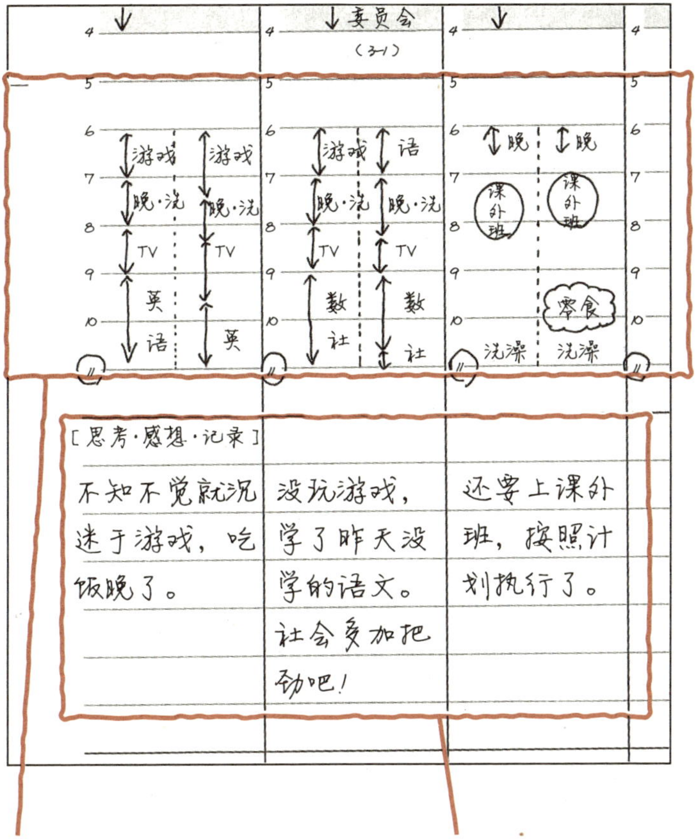
委员会
(3-1)
游戏
晚·洗
TV
英语
语
数
社
晚
课外班
零食
洗澡
[思考·感想·记录]
不知不觉就沉迷于游戏，吃饭晚了。
没玩游戏，学了昨天没学的语文。社会多加把劲吧！
还要上课外班，按照计划执行了。

○ 左右分开，左边写计划，右边写实际完成的事情。如果日程栏是横型栏，可以上下分开书写。

○ 左右对比（计划和完成），写上感想和反思。

2 充分了解自己的优缺点

观察计划和执行哪里不一致，思考能和不能按照计划执行的原因，这就是“反思”。

使用手账进行“反思”，可以充分看清自己的特点——优缺点、擅长与不擅长的事情。

相反，如果不使用手账记录，只是普普通通地流水线般地生活，就很难了解自己的特点。有时明明是自己的事情，却被父母、朋友、老师提醒才能注意到。

“充分了解自己”意外地难。

通过“反思”，思考能和不能按照计划执行的原因，并把它们应用于下次计划中，这就是“改良”。

在制订下次计划时，要一边思考什么样的计划能让自己容易完成，一边“改良”计划。

■ 改良计划参考示例

○ 之前制订了 2 小时持续学习的计划，结果后半部分注意力变得分散，节奏变慢了。

改良示例 1　学习 1 小时后安排 30 分钟的空闲时间

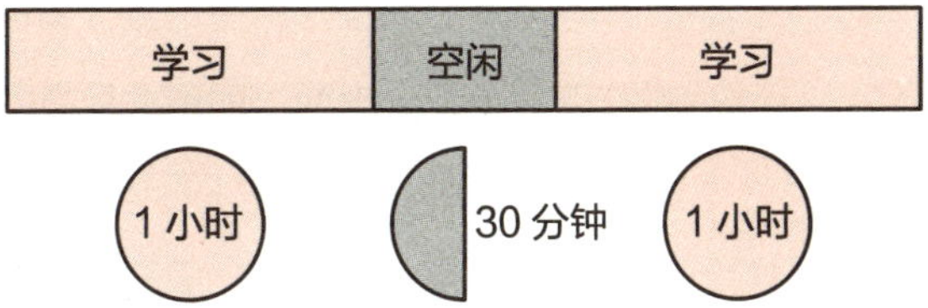
学习
空闲
学习
1 小时
30 分钟
1 小时

改良示例 2　把 1.5 小时作为学习的 1 个时间单位

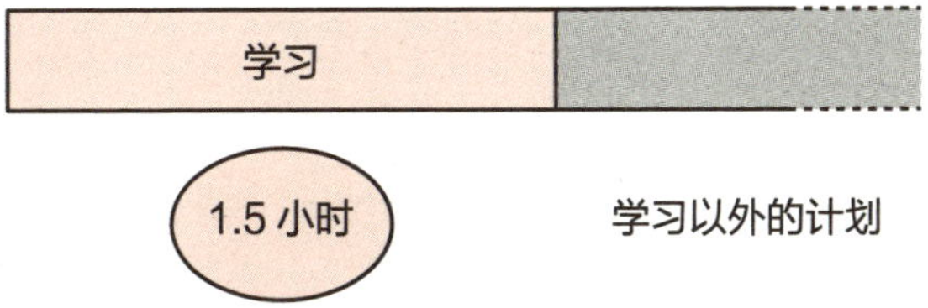
学习
1.5 小时
学习以外的计划

○ 之前周三和周四的计划完成率低。

改良示例 1　这两天就做想做的事情、喜欢的事情，在学习上也学习擅长的科目。

改良示例 2　缩短这两天的学习时间，早早睡觉。

3 反思过去的一天

不知道往手账上写什么、写得少的同学可以反思过去的这一天，把所思所想写下来。

可以写在日程栏的空白处。写很多的话会很辛苦，所以三言两语即可，只有一行也行。

嫌每天都写太麻烦的同学也可以隔天写，比如可以在周一、周三、周五写。

什么都不思考、拖拖拉拉地度过每一天的人，和稍微挤出点时间反思过去一天的人，哪个更能做自己想做和喜欢的事情呢？

一提到反思，有的人可能只写当天的反省。反省很重要，但如果全是反省，人就会变得消极，难以坚持写下去。所以，也要积极地去写好的事情和快乐的事情。

我们往往容易认为应该“在当天的晚上反思这一天”，但也有人是在次日早上反思昨天一天，这样心态似乎会变得更积极。请一定要试一下。

■ 反思过去一天的书写示例

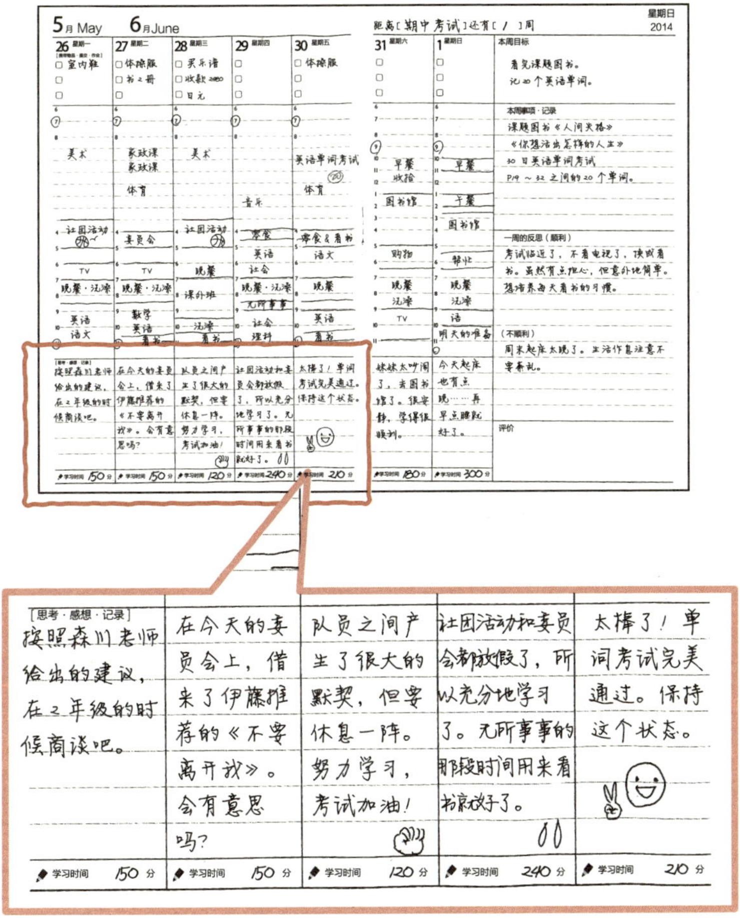

思考·感想·记录
按照森川老师给出的建议，在2年级的时候商谈吧。
在今天的委员会上，借来了伊藤推荐的《不要离开我》。会有意思吗？
队员之间产生了很大的默契，但要休息一阵。努力学习，考试加油！
社团活动和委员会都放假了，所以充分地学习了。无所事事的那段时间用来看书就好了。
太棒了！单词考试完美通过。保持这个状态。
学习时间 150 分
学习时间 150 分
学习时间 120 分
学习时间 240 分
学习时间 210 分

反思过去的一天，当天写上去。
学习时间的总和也一并写上。

4 调整生活节奏

对初高中生来说，学习、运动非常重要。为此，我们希望大家能重视作息规律的生活节奏。生活规律，才能充分地完成学习、运动以及其他事情。

而且这个阶段也是身心快速成长的时期。为了长身体，睡眠必不可少。生活节奏被打乱，就得不到优质睡眠。

在手账上每天记录早晨的起床时间和晚上的睡觉时间吧。只需做到这一点，就能随时审视自己的生活节奏。

“最近睡觉时间变晚了，本周制订的计划本来是 10 点前睡觉，那就 10 点半钻被窝吧。”

这也是不错的“反思”和“改良”。

能够早点注意到生活节奏紊乱并修改的人，可以更好地完成自己想做的事情。

饮食时间也左右着生活节奏，所以时常反思、修改使其变得规律起来吧。

关于生活节奏的书写示例

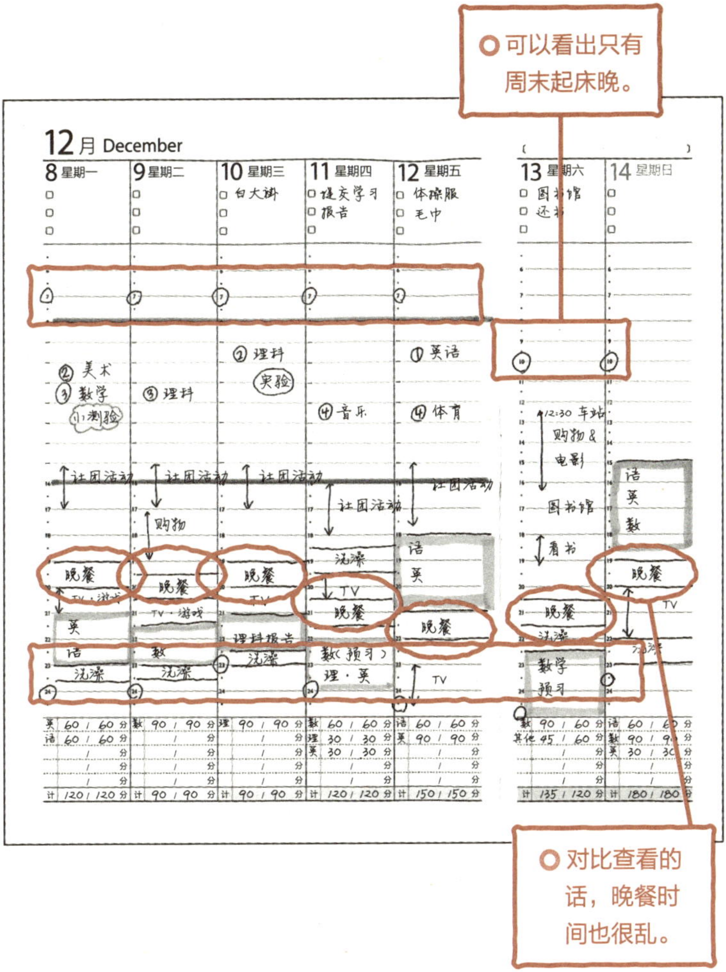
可以看出只有周末起床晚。
12月 December
对比查看的话，晚餐时间也很乱。

周末起床时间变晚是生活节奏紊乱的源头。节奏紊乱的时候，早上即使勉强也要逼自己早起，用水洗脸，沐浴阳光或者打开明亮的日光灯，这样可以使大脑清醒。

5 增加学习时间的方法

初高中生经常会烦恼：如何确保学习时间呢？如何增加学习时间呢？

为了增加学习时长，最先要做的事情就是了解现在的学习时长。

每天把实际的学习时长记录在手账上，便能得知每天大约学习了多久，可以写在日程栏的下面。

最初可以只写“60 分钟”或者“150 分钟”。习惯后，可以写上学科和时间，如“英语 90 分钟”“数学 60 分钟”。

如此一来，瞬间就能看出每天的学习时长。

假如周一、周二、周三的学习时间都很少，就要提醒自己“周四、周五必须增加学习时长”，如果一整周的学习时间都很少，就要反思将下周的学习时间增多一些。

把学习时间记录在手账上，也能得出一天、一周的平均学习时长。把目标学习时长设定得稍微大于平均学习时长，这样学习时长就会一点点增加起来。

学习时间的记录示例

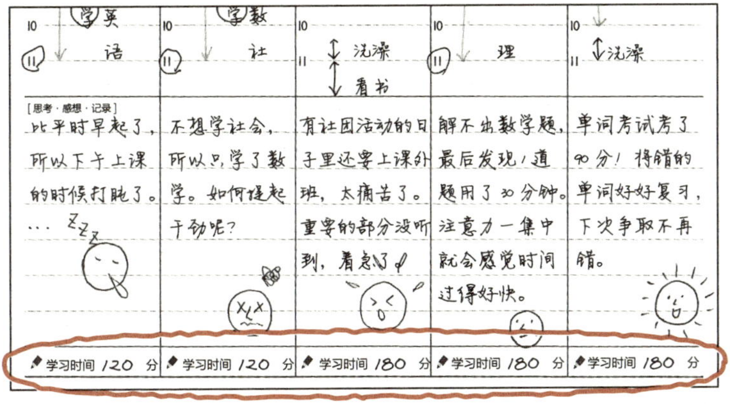
学英语
学数 社
洗澡 看书
理
洗澡
[思考·感想·记录]
比平时早起了，所以下午上课的时候打瞌了。…
不想学社会，所以只学了数学。如何提起干劲呢？
有社团活动的日子里还要上课外班，太痛苦了。重要的部分没听到，着急了
解不出数学题，最后发现1道题用了30分钟。注意力一集中就会感觉时间过得好快。
单词考试考了90分！将错的单词好好复习，下次争取不再错。
学习时间 120 分
学习时间 120 分
学习时间 180 分
学习时间 180 分
学习时间 180 分

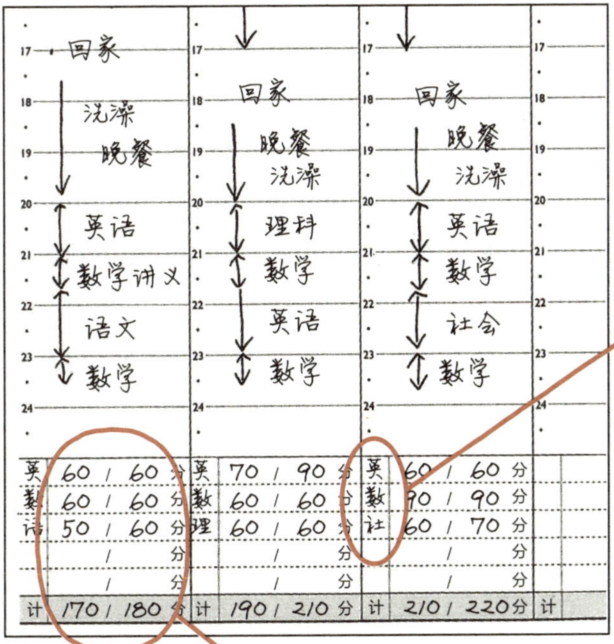
回家 洗澡 晚餐 英语 数学讲义 语文 数学
回家 晚餐 洗澡 理科 数学 英语 数学
回家 晚餐 洗澡 英语 数学 社会 数学
英 60 / 60 分
数 60 / 60 分
语 50 / 60 分
计 170 / 180 分
英 70 / 90 分
数 60 / 60 分
理 60 / 60 分
计 190 / 210 分
英 60 / 60 分
数 90 / 90 分
社 60 / 70 分
计 210 / 220 分

按照科目分别记录学习时间，能看出是否偏科。

并列记录计划用时和实际学习时长。

6 路上的时间最适合思考『改良』

乘坐电车、公交上学的人，可以利用乘车时间看手账进行“反思”。早上上学时反思昨天一天的情况，回家之后反思当天在学校发生的事。

而且，乘坐电车、公交或走路时，周围的风景在移动，震动会传递给大脑和身体。这种环境很适合思考，有的商务人士为了思考创意，甚至会特意乘坐交通工具或者散步。

这当然因人而异，并不适用于所有人。但比起鸦雀无声的环境，在有点吵闹的环境中反而更能静心的人，就很适合在乘坐电车、公交时思考“改良”，这样也能节约时间。

学习也一样。有的人一边走、一边小声念出声，背诵能力会大大提高；有的人边听音乐边做作业，效率也能大大提高。把这种改良写在手账上，实际尝试，写出结果，反复实践后或许就能找到适合自己的独特的学习方法。

思考自己喜欢的学习方式

睡觉前一边走路一边念出声（背诵时的方法改良）。
吃饭前，把室温设定得低一些，这样注意力会更集中。
咖啡会使大脑兴奋，需要注意不要引起失眠。
一边嚼口香糖或者吃糖，一边学习。葡萄糖会促进大脑的活跃。
据说周五和周六学习效率会变高。试一试吧。
背诵时播放背景音乐。制订计划时，播放节奏轻快的音乐。

7 总结并反思过去的一周

在周日的时候，试着对过去的一周进行总结反思，可以注意到不同于每日反思的事情。

一天 24 小时，有 1440 分钟。那么，一周有多少分钟呢？

一周有 168 小时，有 10080 分钟。

反思一下，自己这一周，是如何利用这 10080 分钟的呢？

“本周的目标达成了吗？”“本周想做的事情，应该做的事情，完成了多少呢？”“生活节奏有没有紊乱呢？”“学习时间超过平均时间了吗？”

一边看手账，一边反问自己，把所思所想都写在手账上。

可以写在这一周日程栏的记录栏或者空白处。

注意不要全写反省。在 10080 分钟中一定有快乐的事情，特别的事情，这些好的事情也要有意识地写上去。

反思过去的一周的书写示例

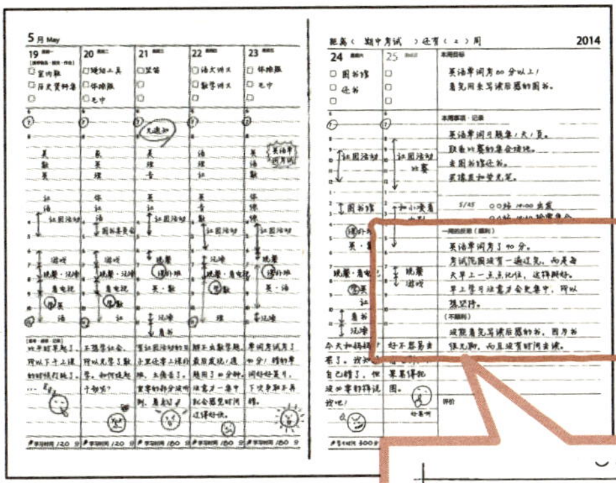

一周的反思（顺利）

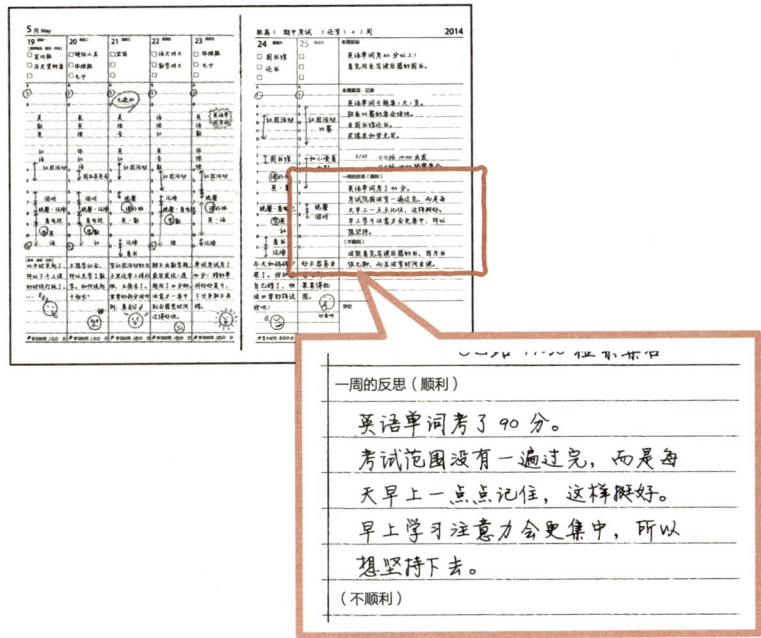

英语单词考了 90 分。
考试范围没有一遍过完，而是每天早上一点点记住，这样挺好。
早上学习注意力会更集中，所以想坚持下去。

（不顺利）

一周的反思（顺利）

考试临近了，不看电视了，换成看书。虽然有点担心，但意外地简单。想培养每天看书的习惯。

（不顺利）

8 利用『反思』制订下周的目标

在周日进行本周的反思后，试着把反思应用到下周的目标制订中吧。

例如，在本周的英语单词考试中取得了90分，下周可以定下目标“考100分满分”。反过来，即使考试分数不理想，也可以定下目标，下次超过这个分数：“最低也要考到这么多。”

也可以把这个方法应用到学习以外的事情上。如果本周睡觉时间晚，可以写“10点半睡觉”；如果社团晨练迟到被批评了，可以写“晨练开始前10分钟到学校”。

经过对本周的反思后，自然也可以制订与之前毫无关系的新目标。但每周制订新的目标很难。有新目标就写下来，如果想不到，就思考能利用的反思的目标。

对于本周未能实现的目标，下周可以接着挑战，这样也很有意思。届时一定要思考“如何才能避免同样的失败并且实现目标”。

■ 本周的反思和根据反思书写下周目标的示例

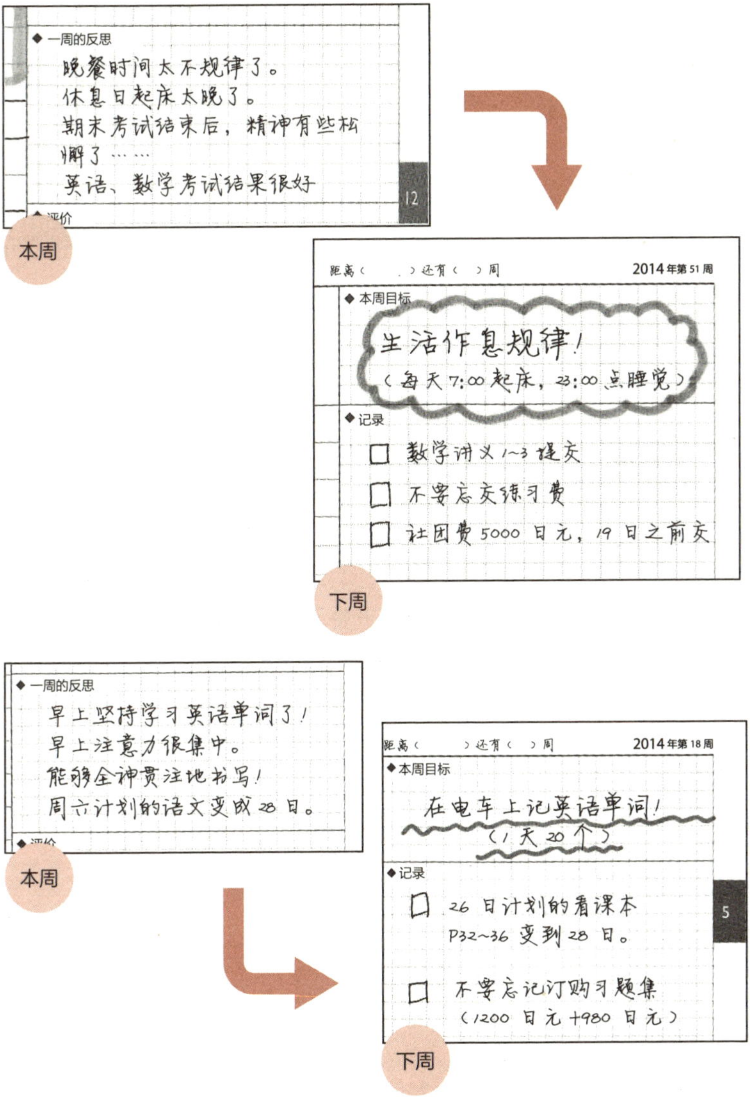

◆ 一周的反思
晚餐时间太不规律了。
休息日起床太晚了。
期末考试结束后，精神有些松懈了……
英语、数学考试结果很好
12
◆ 评价
本周
距离（ ）还有（ ）周
2014 年第 51 周
◆ 本周目标
生活作息规律！
（每天 7:00 起床，23:00 点睡觉）
◆ 记录
数学讲义 1~3 提交
不要忘交练习费
社团费 5000 日元，19 日之前交
下周
◆ 一周的反思
早上坚持学习英语单词了！
早上注意力很集中。
能够全神贯注地书写！
周六计划的语文变成 28 日。
◆ 评价
本周
距离（ ）还有（ ）周
2014 年第 18 周
◆ 本周目标
在电车上记英语单词！
（1 天 20 个）
◆ 记录
26 日计划的看课本 P32~36 变到 28 日。
5
不要忘记订购习题集
（1200 日元 +980 日元）
下周

9

如何从失败中获益

反思过去这一天、这一周时，如果比起好的事情，更在意差的事情，那么就要有意识地书写好的事情。

差的事情不要只写哪里差，也要写出“如何变好”。

差的事情、失败本身是非常珍贵的体验，比起没有失败，失败反而挺好。所以没必要责怪失败的自己。

最差的事情是害怕失败、什么都不敢挑战。

要点在于失败之后怎么做。如果只是后悔失败，过后就忘记，很容易再犯同样的错误。

失败当天的情绪也许无法冷静下来。但是，过几天后情绪就会稳定，此时要冷静地反省，思考下次应该如何做才能避免同样的失败再次发生，并将想法写下来。

从这层意义上来说，在周日总结反思过去这一周也是非常有效的。

一周的反思书写示例

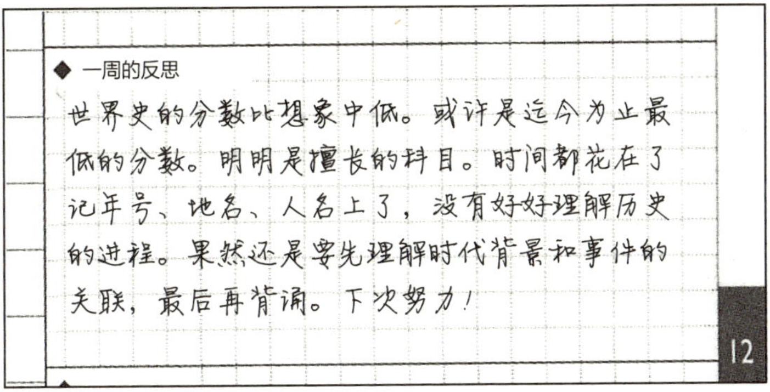
◆ 一周的反思
世界史的分数比想象中低。或许是迄今为止最低的分数。明明是擅长的科目。时间都花在了记年号、地名、人名上了，没有好好理解历史的进程。果然还是要先理解时代背景和事件的关联，最后再背诵。下次努力！
12

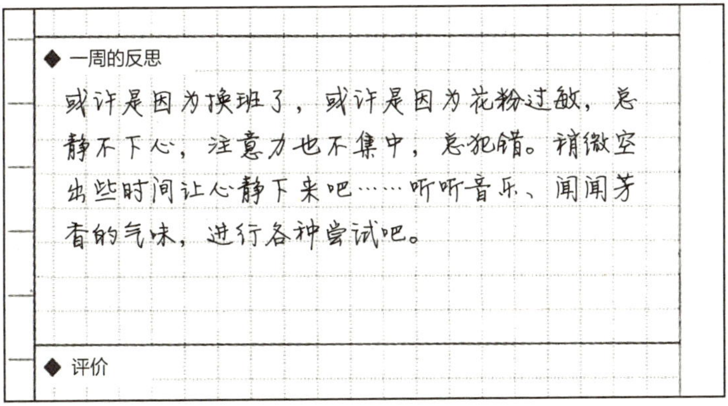
◆ 一周的反思
或许是因为换班了，或许是因为花粉过敏，总静不下心，注意力也不集中，总犯错。稍微空出些时间让心静下来吧……听听音乐、闻闻芳香的气味，进行各种尝试吧。
◆ 评价

不要只反省失败的事情，也要把好的事情、下次的决心和目标写下来。

10 通过长期的反思调整心情

和反思一天、反思一周一样，也可以把跨度拉长，反思过去一个月、过去的一年。

特别是在思考本月的目标、今年的目标时，除了回顾前一个月、前一年，也可以拉长至回顾前三个月、前三年。

为此，手账尽量要认真写，至少要让自己以后能看懂。而且重要的是，用完的手账不要扔。前面说过，手账是珍贵的经验存储箱，以后还会有很多应用它的机会。

进行长期反思，可以帮助我们意识到相同时长的未来。进行一个月的反思，就能意识到未来的一个月有多久；进行三个月的反思，就能意识到未来三个月有多久。在此期间能做多少事情自然也会浮现在头脑中。

而且，长期反思还有助于调整心情。如果只看短期的结果、计划，视野就会变得狭隘。陷入僵局时，进行时间跨度稍长一些的反思，有时就能看见未来的希望。遇见困难时请大胆尝试吧。

■ 反思的时间跨度，决定了能预估的未来的时间跨度

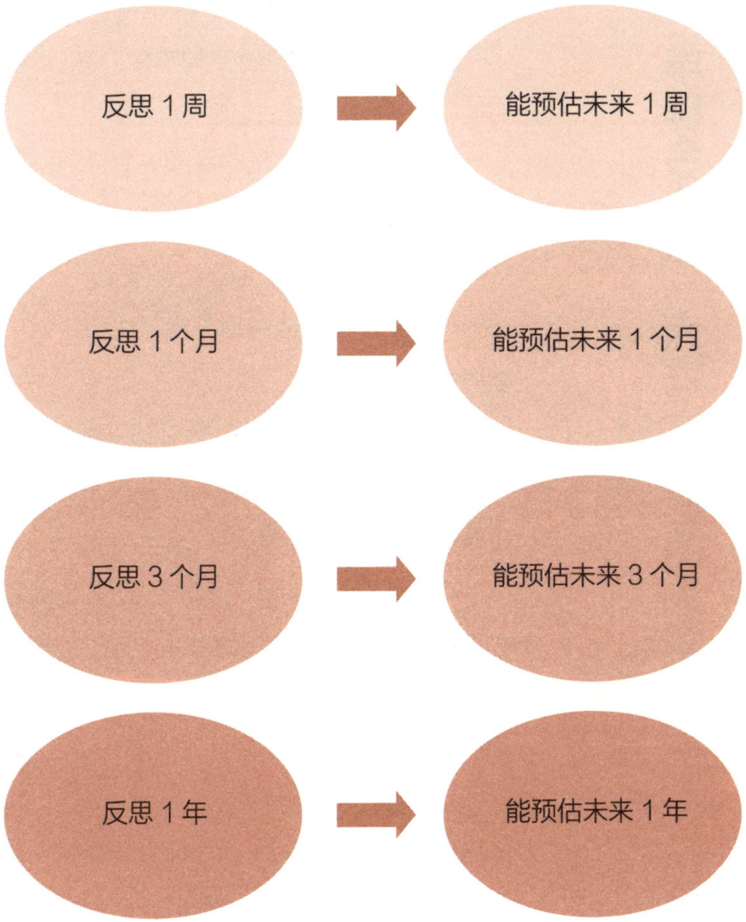

反思 1 周
能预估未来 1 周
反思 1 个月
能预估未来 1 个月
反思 3 个月
能预估未来 3 个月
反思 1 年
能预估未来 1 年

通过长期反思，能预估长期的未来！

11 手账会成为『点燃』自己的火柴

顾名思义，手账自然是用手写。通过“手写”，容易唤醒过往的记忆。

例如，注入感情用力写下的文字，没有自信时写下的文字，多次用圆圈圈起来的语句等，光是看这些字就能想起点什么。

“啊，那时候坚决地下定了决心，绝不能再失败。”

“这时候情绪很低落，什么都不想做。”

“这是社团活动的前辈告诉我的话。听了这些话后，我振作起来了。”

只有手账才能保留下这些信息。正因为写在了手账上，才能传达给未来的自己。回想起当时的感情，进而涌出干劲，鼓舞自己再加把劲。

写在手账上的事情全部是发生在自己身上的真实情况，是对当时的情感、想法、思考的记录。我们日积月累地把它们呈现在手账上，日后回看的时候，自然会涌现出再加把劲的情绪。所以，手账也是“点燃”自己的火柴。

手写容易唤醒记忆

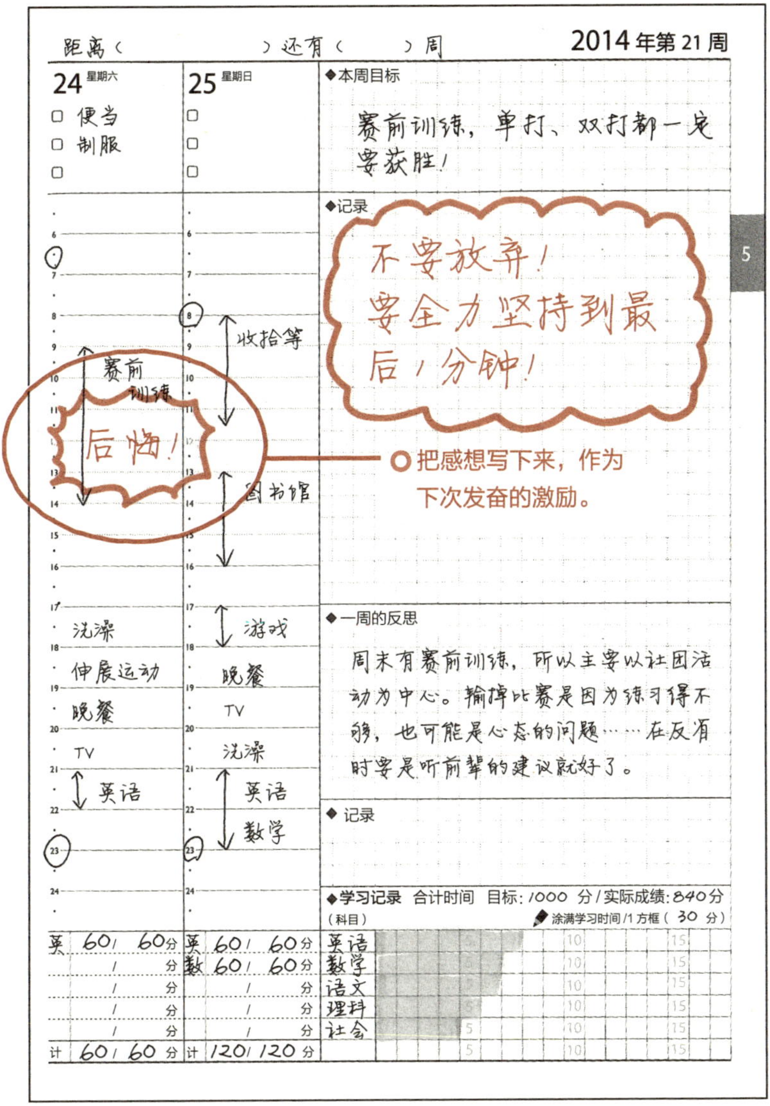
距离（　　）还有（　　）周
2014年第21周
24 星期六
便当
制服
25 星期日
◆本周目标
赛前训练，单打、双打都一定要获胜！
◆记录
不要放弃！
要全力坚持到最后1分钟！
赛前训练
后悔！
收拾等
图书馆
游戏
洗澡
伸展运动
晚餐
TV
英语
数学
◆一周的反思
周末有赛前训练，所以主要以社团活动为中心。输掉比赛是因为练习得不够，也可能是心态的问题……在反省时要是听前辈的建议就好了。
◆记录
◆学习记录 合计时间 目标：1000分/实际成绩：840分
（科目）
涂满学习时间/1方框（30分）
英语
数学
语文
理科
社会
英 60/60分
英 60/60分
数 60/60分
计 60/60分
计 120/120分

把感想写下来，作为下次发奋的激励。

12

越忙碌越要看手账

初高中生一升到初三、高三，不仅有无数的考试，作为最高年级，还要在社团活动、委员会、体育节、文化节等活动中担任重要职务，所以很忙。

有人会说“很忙，没有时间看手账”，但越是忙的时候就越要增加看手账的次数。

看手账的次数多，确认计划的次数也会相应增加。看的次数多了，印象就会加深，就会加速采取行动，减少做事拖拉、丢三落四的情况。

变得忙碌后，心情也会变得焦躁，有时不能按计划完成任务。此时应想起优先顺序的方法，在手账上把最优先要做的事项用红色笔做上标记。这样一来，就能从“这个必须做，那个也必须做”的焦虑状态转换成积极向前的心态了，“今天只完成这个和那个就可以了”。

而且，越忙的时候，就越要确认手账上容易看漏的“真正重要的目标”。然后，一边看手账，一边不断地“反思”和“改良”，思考如何才能达成目标、如何改良、过去顺利的时候采取了什么样的做法。

忙的时候用红圆圈标记出最优先事项

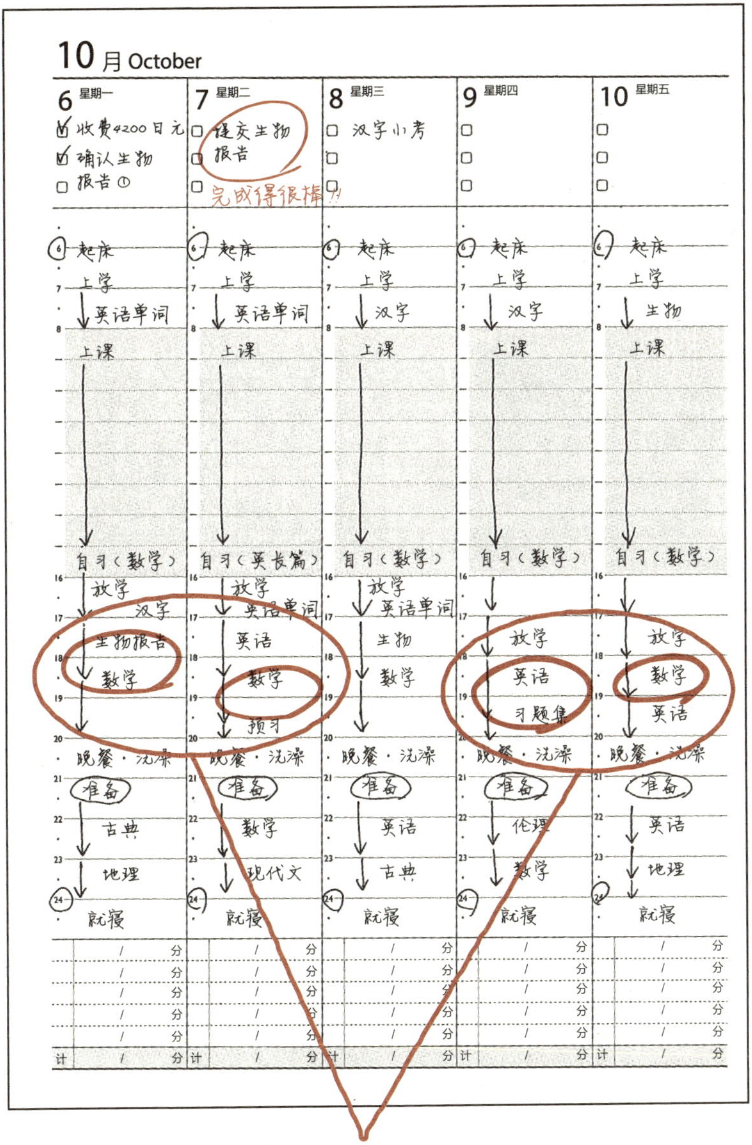
10月 October
6 星期一
收费4200日元
确认生物
报告①
7 星期二
提交生物
报告
完成得很棒!!
8 星期三
汉字小考
9 星期四
10 星期五
起床
上学
英语单词
汉字
生物
上课
自习（数学）
自习（英长篇）
放学
英语单词
生物报告
数学
英语
预习
习题集
晚餐・洗澡
准备
古典
数学
英语
伦理
地理
现代文
就寝
分
计

○用红圆圈做出标记，确认什么是最重要的事项。